JN170443

絵で見るシリーズ

調べてなるほど！

花のかたち

絵と文
植物イラストレーター
柳原明彦

監修
京都大学大学院農学研究科教授
縄田栄治

保育社
HOIKUSHA

はじめに

『絵で見るシリーズ』の１冊目の『調べてなるほど！　野菜のかたち』、２冊目の『調べてなるほど！　果物のかたち』に続いて、３冊目の花の絵本を作ることになったとき、いちばん困ったのは、どの花を選ぶかということだ。世界中には、何万、いや何千万種類の花がある。でも、本のページは限られているから、あれもこれも入れるというわけにはいかない。そこでこの本をいっしょに作った、農学者の縄田栄治先生や、出版社の人たちと、何度も相談して、ようやく70種類ほどに絞り込んだんだ。シリーズの１冊目と２冊目に出てきた花は、省くことにした。菜の花やはすの花や、桃や梅の花がそうだよ。だからこの本の中身を見て、あの花もこの花も入っていないじゃないかと思うかもしれない。でもしかたがなかったんだ。

この本には、思い出ばなしが折に触れて出てくる。大人はだれでも、花にまつわる思い出を１つや２つは持っている。歳を取るにつれて、それが積み重なっていく。そしてその花を見るたびに、子どものころや若いころを思い出すんだ。なつかしい思い出もあるし、苦い思い出もある。きみたちも、花の思い出を、今から少しずつ積み重ねていくといい。大人になってからその花を見たとき、子どものころのことを、日記を読むように思い出すだろう。おおげさかもしれないけれど、そういうことも、人生を豊かにする助けになると思うんだ。だから、ぜひ、花にまつわる思い出を、たくさん作ってほしい。それからもう１つ、人生を豊かにする確かな方法は、本をたくさん読むことだ。絵本でも、小説でも、まんがの本でも、何でもいい。

さて、花の話だけど、まず花壇の花、つぎに野の花、水辺の花、灌木の花、木の花、そして最後にちょっと変わった植物の話をしてみよう。話の順番には、あまり意味はないんだ。

この本に出てくる花は、ほとんどがみんながよく知っている花だよ。でも、よく知っているようで知らないことが、大人でも案外ある。「へえー、なるほどね。それは知らなかった」と思ってもらえたら、縄田先生もぼくも、この本を作った人たちみんな、とてもうれしい。

植物イラストレーター
柳原 明彦

もくじ　その1

花壇（かだん）の花

野の花

監修のことば

この本は、以前に出版された『調べてなるほど！　野菜のかたち』と『調べてなるほど！果物のかたち』に続いて、柳原さんが絵を描き文章を書いてできたものです。前の２冊と同様、柳原さんは、それぞれの花をしっかりと観察して、外観ばかりか目に見えない内部の構造や組織も調べて、全体的な印象がよく伝わるように描いています。種類によっては、普段目にすることのない種や球根、果実もいっしょに詳しく描いています。

文章は、こちらも前の２冊と同じように、その花がもともとどこで生まれ、どうやって日本に来たのかとか、今どこで主に栽培されているのかとか、花言葉は何なのかとか、おもしろいと同時に役に立つ話をたくさん紹介しています。栽培されている花のほかにも、野の花もたくさん紹介していますから、都会に住んでいる人が多くなって、今では馴染みがうすくなっている花のことも知ることができます。また、花にはさくらやあさがおのように、昔から私たち日本人に深く愛されてきたものも多いので、それぞれの花と日本の歴史や文学との関わりも紹介していますし、花にまつわる柳原さん自身の思い出も数多く出てきます。ですから、前の２冊同様、きみたちが興味を持って読み進められると思います。

前にも紹介しましたが、柳原さんは、工業デザインが専門の大学の先生でした。そのおかげで、この本の絵や文章はとてもわかりやすいものになっています。ただ、柳原さんは、植物は専門ではないので、書いたことが本当に正しいものかどうか、私が本の内容の確認を頼まれました。柳原さんといっしょに、本の絵と文章を確認してできたのが、この本です。柳原さんといっしょに確認をしているときには、私自身もずいぶんと楽しみました。きみたちにもおもしろく読んでもらえること、うけあいです。

京都大学大学院農学研究科教授
縄田 栄治

もくじ　その2

水辺(みずべ)の花

灌木(かんぼく)の花

木の花

変(か)わった植物

チューリップ　鬱金香

ユリ科　*Tulipa* 属　*Tulipa gesneriana* 種　など

英名　**Tulip**

様々な品種のチューリップ

オランダのチューリップ

チューリップの絵を見ると、小学校の花壇を思い出すだろう？　チューリップは、それほど典型的な花壇の花なんだ。でも、チューリップを見て、オランダ旅行を思い出す人もいるよ。オランダ北部一帯には、チューリップ畑が地平線のかなたまでひろがっていて、まるで派手な色のパッチワークみたいだ。でも、がっかりすることもある。オランダでは、チューリップは花を売るためではなく、球根を売るために栽培している。だから球根がよく育つように、花はすぐに刈ってしまう。つまり運が悪いと、見わたす限り葉と茎だけの畑を見ることになる。そんなときはキューケンホフ公園へ行くといい。8週間（2017年は3月23日から5月21日まで）しか開かない公園だけど、チューリップなど、700万株以上のいろんな花が咲き乱れている。

オランダでチューリップの栽培が盛んになったのは、16世紀ごろからで、やがて世界各国に球根を輸出するようになったんだ。日本が輸入しているチューリップの球根の、9割以上は、オランダ産だよ。1930年代には、チューリップ・バブルといって、オランダでチューリップの球根が高値で売り買いされるようになり、珍しい球根だと、1つで大きな家が一軒買えるほどだったそうだ。ところが、1937年にそのバブルが突然はじけ、球根の値段が100分の1以下になって、大損をする人が大勢出たそうだ。つまり、球根がお金もうけの手段になったんだ。

注1：分類名（学名）のうち、属名と種名はイタリック体（ななめ文字）で書くというルールもある。

原産地	中近東
日本への伝来	江戸時代後期 オランダから

開花時期（日本）
3月中旬～5月中旬

花言葉

赤	愛の告白、永遠の愛
ピンク	愛の芽生え
黄色	実らぬ恋
むらさき	不滅の愛、気高さ
白	許してください、純真

チューリップの球根

種ってなんだ、品種ってなんだ

世界中の人が育てているチューリップのほとんどは、「トゥリパ・ゲスネリアナ種」という「種」だ。これは16世紀にトルコからオランダに伝わったチューリップの原種を、オランダ人が作り変えてできた種だとされている。この、ちがう性質の親同士をかけあわせるなどして、新しい性質の動植物に作り変えることを、「品種改良」というんだ。その後、世界中でどんどん品種改良が進み、今ではゲスネリアナ種には、数えきれないほどたくさんの「品種」がある。え？　品種とか、種とか、よくわからない？　じゃあ、ここで「分類名」の話をしておこう。左のページの、タイトルの下に書いてあるのが、チューリップの分類名だ。

すべての生き物は、世界共通のやりかたで分類名を決めてある。植物も国際植物命名規約という約束があって、ＤＮＡを調べたりして**分類名**を決めるんだ。まず、動物界、植物界など、いくつかの**界**に大きく分ける。つぎに、**門**、**綱**、**目**、**科**、**属**、**種**、と、だんだん細かく分けていく。それぞれをもっと細かく分けることもある。ゲスネリアナ種のチューリップの分類名は「植物界被子植物門単子葉植物綱ユリ目ユリ科 ***Tulipa*** 属 ***Tulipa gesneriana*** 種」だ。種名の前半に属名をくりかえすというルールがある。「山田家の山田花子さん」というのと同じさ[注1]。つまり、種名がその生物の氏名だ。ラテン語で書いた分類名は「**学名**」とも呼ばれ、全世界で通用するんだ。同じ種の生物をさらに細かく分けたのが**品種**だけど、品種名は、学名には入れないことになっている。この本では、属名と種名だけを、ラテン語名で書くことにしたんだ[注2]。日本語の属名や種名（チューリップの場合は、チューリップ属ゲスネリアナ種）もあるけれど、縄田先生の話だと、日本語の属名や種名は、正確ではないことがあるそうだ。

注2：ラテン語名の読みかた（発音）は、実際は国によってまちまちで、いろんな読みかたをする。

ヒヤシンス　風信子　飛信子

キジカクシ科　***Hyacinthus*** 属
Hyacinthus orientalis 種
英名　**Hyacinth**

様々な品種のヒヤシンス

アスパラガスの親戚

ヒヤシンスは、野菜のアスパラガスと同じ、「キジカクシ科」なんだ。でも、ヒヤシンスは食べられないよ。葉や球根には毒があるからだ。昔はキジカクシ科ではなく、ユリ科に入っていたそうだ。ヒヤシンスそのものは昔も今も変わらないのに、なぜそんなに変わるのだろう。それは、新しい学説が出てきて、生物の分類のしかたが変わってきたからだよ。ＤＮＡを調べる技術など、科学技術が進んだからでもある。ヒヤシンスに限らず、いろんな生物の分類名が、今でもころころ変わることがある。縄田先生が、だから困るんだと、頭をかかえていたよ。

ヒヤシンスも、チューリップのように球根ができる。球根とは、葉や茎のつけ根のところがふくらんでできたもので、葉で光合成した養分や、根から吸い上げた養分をたくわえてある。ヒヤシンスの球根は、難しい言葉で、「鱗茎」というんだ。野菜の玉ねぎも鱗茎だよ。

原産地　地中海東岸からイランのあたり
日本への伝来　1863年オランダなどから
開花時期（日本）３月～４月
花言葉
スポーツ、嫉妬、悲しみを超えた愛、など。ほかにも、色別に多くの花言葉がある。

ヒヤシンスの水栽培
下の絵のように途中でびんから引き上げると、びんに根をもと通りにもどせなくなる。

ヒヤシンスは水だけでも育つ

植物を育てる方法の１つに「養液栽培」という方法がある。いちごやトマト、レタスなどはこの方法で栽培することがよくある。養液栽培には、土のかわりにロックウールという人工のわたのようなものなどに水と肥料をしみ込ませ、そこで育てる方法（固形培地耕という）と、ロックウールなどは使わず、肥料を溶かした水だけで育てる方法（水耕とか水栽培という）がある。ヒヤシンスは、あとの方法、つまり水栽培で育てることが多い。しかも、球根に養分をたくわえてあるから、肥料を入れなくても、水だけで育つんだ。上の絵のようなガラスびんを使うと、花だけでなく、球根から根が出てくる様子も観察できるから、おもしろいよ。

育てかたは、10月下旬から12月上旬に、園芸店などで球根を買ってきて、絵のようなびんに水と根腐れを防ぐ薬を少し入れて、球根をおくだけだ。球根を買うときは、芽が少し出たのを買うといい。はじめは球根の下のほうが少し水につかるようにして、根が出てきたら水の量を減らす。水は１週間に一度換えるんだ。そのとき球根を引っぱり上げると、もとにもどらなくなる。はじめの１カ月は、日に当てないようにして、１カ月をすぎたら、ベランダや窓ぎわなど日の当たる場所へ移すんだ。育てはじめてから３カ月ほどで、花が咲くよ。

すいせん　水仙

ヒガンバナ科　***Narcissus*** 属
Narcissus tazetta 種（にほん水仙）
Narcissus pseudonarcissus 種（ラッパ水仙）
英名　**Narcissus**

にほん水仙
水仙の仲間は、昔はヒガンバナ科
ではなく、ユリ科に属していた。

水仙

原産地　地中海沿岸、北アフリカ、スペイン、ポルトガル、など

日本への伝来　大昔、にほん水仙が中国から伝わった。

開花時期（日本）
11月～4月

花言葉
（にほん水仙）
自己愛、うぬぼれ、など。
（ラッパ水仙）
尊敬、心遣い、など。

ラッパ水仙

悲しい花

水仙には、いろんな種類があるんだ。左の絵は「にほん水仙」という種で、大昔に中国から伝わった水仙だよ。花壇に植えて楽しむこともあるし、日本の暖かい地方で野生化して、海に近い山の斜面などに、群がって咲いていることもある。千葉県鋸南町、福井県越前町、静岡県下田市などが有名だ。上の絵は「ラッパ水仙」といって、ヨーロッパから伝わった種だ。

水仙も、チューリップ（6ページ）やヒヤシンス（8ページ）のように、球根を持っている。花壇などに植えるときは、種をまくのではなく、球根を買ってきて土にうめるんだ。でもね、水仙の球根や、葉には、強い毒がある。食べると死ぬこともあるんだ。水仙を食べる人なんていないだろうと思ったら、たまにいるんだ。球根は玉ねぎに似ているし、葉は野菜の「にら」や「あさつき」に似ているので、まちがって食べる人がいるんだ。危ないから気をつけないといけないよ。花壇に植えるのはいいけれど、家庭菜園には植えないほうがいい。

水仙の属名のナルキサスは、古代ギリシャ語のナルキッソスがもとなんだ。これには悲しい話があるんだ。ナルキッソスは、ギリシャ神話に出てくる美青年の名前だ。神の怒りを買ったナルキッソスは、呪いをかけられて、自分しか愛せなくなる。あるとき、水面に映った自分の姿を見て、恋に落ちる。水面に近づきすぎたナルキッソスは、水の中に落ちて死んでしまう。すると、そこに水仙の花が、悲しそうにうつむいて咲いた、という昔の神話だ。だから水仙のことを、ギリシャ語でナルキッソス、ラテン語でナルキサス、英語ではナルシサスというんだ。

ゆり　百合

ユリ科　***Lilium*** 属

Lilium longiflorum 種（てっぽうゆり）

Lilium lancifolium 種（おにゆり）など

英名　**Lily**

てっぽうゆり

てっぽうゆり

原産地　北半球

日本への伝来　古来から15種ほどが日本に自生し、主に球根を食用にした。園芸種は江戸時代後期以降。

開花時期（日本）

5月～8月

花言葉

（てっぽうゆり）威厳、など。

（おにゆり）荘厳、など。

おにゆり
中国や日本などに
自生しているゆり。
てっぽうゆりより
大きい。

ゆり根

名前の話

「ゆり」は、なぜ漢字で「百合」と書くのだろう。漢和辞典で調べても、「百」は「ゆ」とは読まないし、「合」も「り」とは読まない。じつはね、ゆりの根っこは「ゆり根」といって、スーパーでも売っているおいしい野菜だ。茶わんむしや、みそ汁に入れたりして食べる。このゆり根は、ヒヤシンスのところ（８ページ）で話した「鱗茎」だ。つまり、玉ねぎと同じ構造なんだ。だから、玉ねぎのように、１枚ずつはがすことができる。そうしてはがしていくと、１つのゆり根がおおよそ100枚の白いかけらになる。これを知った昔の人が、百枚のかけらが合わさったもの、つまり「百合」という漢字名にしたそうだ。一方、「ゆり」という名前は、花が風に吹かれてゆらゆらゆれる様子から、「ゆり」になったという説が有力なんだ。この、根っこの名前と花の名前を合わせて、「百合」を「ゆり」と読ませるようになったんだよ。

じゃあ、てっぽうゆりは、なぜ「てっぽう」という名前なのだろう。これは、昔の鉄砲は、弾を発射する火薬を、銃口、つまり弾が飛び出す小さな穴から棒でつめ込んでいた。だから火薬がこぼれて、困る。そこで、ラッパ銃といって、銃口がラッパのように開いた鉄砲が発明された。それまでは「琉球ゆり」と呼んでいたゆりの花のかたちが、そのラッパ銃のかたちによく似ていたので、いつのまにか「てっぽうゆり」という名前に変わったそうだ。

昔、「蓄音機」といって、今のＣＤプレーヤーのように、黒い大きな円盤を回転させ、音楽などを聞く機械があった。古い形式の蓄音機は、電力ではなく、ゼンマイの力で動いていて、スピーカーのかわりに大きなラッパのようなものがついていたんだ。そのラッパのかたちがてっぽうゆりの花のかたちにそっくりなんだ。いやね、年寄りの思い出ばなしさ。

パンジー

スミレ科　***Viola*** 属
Viola wittrockiana 種（パンジー）
Viola tricolor 種（三色すみれ）
英名　**Pansy**

パンジーの寄せ植え
1本の株には同じ色や模様の花しか咲かない。

パンジー、三色すみれ、ビオラ

パンジーの和名は「三色すみれ」だという人がいる。でも三色すみれは、パンジーの原種の1つなんだ。19世紀のイギリスで、アマチュアの園芸家が園芸種のパンジーをはじめて作ったとき、交配するために使った、野生のすみれのことだ。だから、三色すみれはパンジーの親であって、パンジーそのものではない。つまり、パンジーは、交配をくりかえして作り出した、園芸植物なんだ。日本には1846年ごろに伝わったそうだ。当時は「遊蝶花」とか「胡蝶花」と呼んだそうだけど、今は全く使われていない名前だ。ビオラ属には、このほかに「ビオラ」という園芸種の花もある。パンジーとほとんど同じだけど、パンジーより花が少し小さい。

「パンジー」という名前は、フランス語の「パンセ」つまり「考える」がもとになっているそうだ。人の顔に見える花が、考え込んでいるように見えるからだそうだよ。でも、ぼくにはまるでシーズーという種類の犬の顔に見えるけれどなあ。きみたちは何に見えるかな？　え？　長いまつ毛と口ひげを持ったこわいおじさんの顔に見える、だって？　うーん、なるほどね。そういえばそうだなあ。この黒むらさきの模様のことを、「ブロッチ」というんだ。たくさんあるパンジーの品種の中には、このブロッチがない品種も少なくない。

三色すみれ
パンジーより、花がかなり小さい。この絵のほかにもいろんな色の品種がある。昔、欧米では、失恋によく効く薬と考えられていた。

パンジー

原産地 1813年ごろ、イギリスの園芸家が野生のすみれを改良して作った。

日本への伝来 江戸時代
1846年ごろといわれている。

開花時期（日本）
11月〜5月

花言葉
物思い、思慮深い、思い出、つつましい幸せ、など。

インターネットの落とし穴

ぼくは植物については専門ではないので、本を書くとき、いろんなことをインターネットで調べる。この本も、それぞれの花について、ずいぶんインターネットのお世話になったんだ。きみたちも、何かを調べるとき、インターネットで調べることがあるだろう。でも、インターネットには大きな落とし穴がある。まず、情報が簡単に手に入るので、「自分で考える」力をうばってしまうことがある。それから、情報がとても多い。だから、どれを選んだらいいのかわからなくなることがある。つぎに、インターネットは、まちがいが多すぎる。正しいことも書いてあるけれど、単なるうわさや言い伝えを、絶対に正しい情報として、伝えていることもある。世界的に有名な百科事典のようなサイトでも、まちがっていることがあるんだ。その点専門書や教科書は、正しい情報だけを選んでくれているから、助かるんだ。

昔、テレビで伝言ゲームを見た。５人ほどの人が並んで、ある短い文章を、右はしの人から順番に、耳打ちだけで左はしの人まで伝えるというゲームだ。左はしの人が、その文章を声に出していうと、とんでもない文章に変わっていて、まわりのみんなが大笑いをする。例えば、「パンジーがビオラで『すみれの花咲く頃』を弾いたら、三色すみれが三味線で『さくら』を弾いた」という文章が、「パンジーとビオラはすみれの仲間で、三色すみれはさくらの仲間」という文章に変わるんだ。インターネットの情報は、こういうことがよく起こるんだよ。

だからぼくは、インターネットだけでなく、いつも植物図鑑や参考書でも調べることにしているんだ。さっき話したパンジーと三色すみれが別のものだと確認できたのも、そのためだ。それでもまちがえることがある。あとで縄田先生や出版社の編集者に指摘されて書きなおしたことが、一度や二度ではないんだ。だからきみたちも、何かを調べるとき、インターネットで調べるのはいいけれど、そこに書いてあることが絶対に正しいと思い込んだらだめだよ。

話がパンジーの話からそれてしまったけれど、この本で話すことは、そうしてよく調べて、縄田先生にも確認してもらった話だから、まちがいはないと確信しているんだ。

スイートピー　麝香豌豆　麝香連理草

マメ科　マメ亜科　***Lathyrus*** 属　***Lathyrus odoratus*** 種
英名　**Sweet pea**

スイートピー
「甘い豆」という意味の英語。

シチリア生まれ

スイートピーは、もともとは地中海のシチリア島（イタリア）に自生していた野草で、1695年に発見され、イギリスで品種改良した花なんだ。19世紀になると本格的な品種改良が進み、今では様々な色の品種がある。歌手の松田聖子さん[注]の歌に、『赤いスイートピー』という歌があるけれど、もちろん赤い品種もある。空色のスイートピーだってあるよ。

花言葉が「門出」や「私を覚えていて」なので、卒業式で、先生や卒業生に贈る花として、よく使われるんだ。

注：松田聖子（1962年～）は、1980年代を代表する日本のアイドル歌手。2016年現在も活躍している。

原産地　地中海沿岸
日本への伝来　19世紀
イギリスから
開花時期（日本）
４月〜６月
花言葉
門出、やさしい思い出、
私を覚えていて、など。

スイートピーの葉と実（種）

えんどうの花と葉

豆の仲間は大家族

スイートピーは、豆の仲間だよ。だから上の絵のように、野菜のえんどう（マメ亜科）の花や葉や実によく似ている。スイートピーとえんどうは、属がちがうのに、まるで兄弟のようだ。

マメ科の植物は、大家族だ。745属19500種もあって、中には家具を作れる大木もある。あまりにも多いので、マメ亜科、ジャケツイバラ亜科、ネムノキ亜科の３つに分けてある。そのうちのマメ亜科の花は、大きさや色はちがうけれど、かたちはどれもよく似ているよ。この本に入っている植物だけでも、スイートピーのほかに、げんげ（62ページ）や、クローバー（70ページ）や、ふじ（130ページ）がそうなんだ。どの花も、絵のようにほかの花にはない独特のかたちだから、すぐにわかる。花びらは５枚なんだけど、右側のえんどうの花の絵のように、ふつうは３枚だけが外から見えている。あとの２枚は小さくて、下の２枚の花びらの中にかくれているんだ。

じつはね、スイートピーはやさしい花だけど、そのさやと豆には、毒があるんだ。たくさん食べると、神経がまひして、歩けなくなることもあるそうだ。もしもおうちで育てていたら、えんどうに似ているからといって、英語では「甘い豆」だからといって、食べたらだめだよ。

シクラメン　篝火花　豚の饅頭

サクラソウ科　*Cyclamen* 属
Cyclamen persicum 種
英名　Cyclamen
　　　Sow bread

シクラメンは鉢植え

シクラメンは、花壇の花というより、鉢植えで楽しむことのほうが多い。特にクリスマスやお正月前になると、園芸店や花屋などに、鉢植えのシクラメンがたくさん出回る。ぼくたちのような園芸の素人が、シクラメンを花壇のような露地で育てるのは、たぶん無理だろう。でも、鉢植えのシクラメンなら、花が終わったあとにうまく手入れをすると、つぎの年にまた花を楽しむことができるんだ。その手入れのしかたは、長くなりすぎるのでここではちょっと話せない。インターネットで「シクラメンの夏越し」を検索すると、たくさん出てくるよ。

シクラメンの塊茎

この塊茎には、でんぷんという栄養分がたくさん含まれるので、弱い毒があるのにもかかわらず、昔はでんぷんを得るために、栽培したといわれている。16世紀に、でんぷんをたくさん含んでいるじゃがいもがヨーロッパに伝わって、食料として普及すると、シクラメンの塊茎を食べる習慣は、なくなったそうだ。

原産地　地中海沿岸

日本への伝来　明治時代

ヨーロッパから

開花時期（日本）

11月～4月

花言葉

はにかみ、嫉妬、内気、遠慮、気後れ、など。

ぶたのまんじゅう

シクラメンは、和名にまつわる話がおもしろいんだ。和名は2つあるけれど、その1つは、「ぶたのまんじゅう」というんだよ。これは、明治時代にシクラメンがヨーロッパから日本に伝わったとき、大久保三郎という植物学者が、英語名の1つの sow bread（めすぶたのパンという意味）を、日本語に訳してつけたんだ。日本人にはパンよりまんじゅうのほうが親しみやすいと考えたそうだ。なぜ英語では「めすぶたのパン」というのかというと、シクラメンは地中海沿岸が原産の植物で、もともとは花を眺めるためではなく、球根（正確には塊茎という）を食べるために栽培化した植物で、その球根を、ぶたが好んで食べるので、この名前になったそうだ。でも、欧米の人たちも、今はもう食べないよ。だから欧米でも「シクラメン」と呼ぶほうが多いんだ。でもね、きれいな花なのに、「ぶたのまんじゅう」はかわいそうだね。

だからこの話には続きがあるんだ。あるとき、ある日本の貴婦人がこの花を見て、「これはかがり火のような花ですわね」といったそうだ。それを聞いた牧野富太郎博士という、日本の植物学の父といわれる有名な学者が、ぶたのまんじゅうはかわいそうだから「かがり火花」にしようと決めたんだ。でもね、せっかく牧野博士がすてきな名前をつけたのに、今では和名はほとんど使われていない。かがり火花は、この花にぴったりの名前だと思うんだけどなあ。

きく　菊

キク科　キク亜科　***Chrysanthemum*** 属
Chrysanthemum morifolium 種
英名　**Chrysanthemum**
Florists' daisy

菊の仲間は大家族

ここからしばらくは、菊の仲間の話だ。菊の仲間の花はとても多いんだ。この本でも、ここからひまわりまで、キク科の花の話が 12 ページも続くんだ。野の花のところに入れたあざみとたんぽぽを含めると、16 ページにもなる。なぜこんなに多いのかというと、キク科の植物は、植物の中では最も進化した植物の１つで、その長い進化の過程で盛んに分化したからなんだ。あまりにも多いので、分類上は科の下をさらに 12 もの「亜科」に分けてある。タンポポ亜科やアザミ亜科というのもあるよ。その下の属は、全部合わせると 1500 属以上もあるし、そのまた下の種となると、もう数えきれない。縄田先生でさえ、自分で数えたことはないそうだよ。

シオン
***Aster* 属　*Aster tataricus* 種**
この野草も、野菊と呼ぶことがある。小さいけれど、すてきな野の花だ。

菊

原産地　中国

日本への伝来　大昔から、野菊が日本に自生していた。栽培種は9世紀から10世紀にかけて、中国から。

開花時期（日本）
4月～12月　種類によって開花時期がちがう。

花言葉
高貴、高潔、高尚、真実
破れた恋、など。

菊はさまざま

左の絵のような観賞用の菊が中国から日本に伝わったのは、9世紀から10世紀ごろだろうといわれている。17世紀になると菊の栽培が盛んになり、江戸時代には、品種改良や育てかたの工夫によって、様々な菊が現れてきた。茎や枝を針金などで無理やり導く「懸崖菊」という育てかたも、そのころ現れた。観賞用の菊は、こうして品評会などで愛好者がきそい合って、どんどん進化したんだ。菊の品評会は今でも盛んに開かれている。最近は、大輪の花を育てるのが主流だそうだ。一株に咲かせる花の数を減らすなどして、花を大きくすることを目指す。品評会で賞を取るような花は、直径が30センチほどもあるそうだよ。

これとは対照的なのが、野菊だ。大昔から日本の山野に自生している、クリサンテマム属の野草のことを、野菊と呼んでいるんだ。白い花が多いよ。クリサンテマム属とは属がちがう、シオンやよめなを野菊と呼ぶこともある。どれも花は小さくて地味だけど、けなげで美しい。

ところで、日本の国章（国の紋章）は菊の花だと思っている人がいるけれど、じつは、日本には法律で決まった国章はない。外国旅行をするときに使うパスポートの表紙に、菊の紋章が入っているけれど、あれは、パスポートの表紙にその国の国章を入れることが国際的な慣習になっていて、日本には正式な国章がないので、皇室の御紋を参考にデザインした紋章なんだ。だから、皇室の御紋とは少しちがうよ。天皇や皇室を表す御紋は、十六八重表菊といって、花びらが16枚で、そのあいだからうしろに重なる花びらが見えている八重咲きの菊だ。一方、パスポートの菊は、同じ16枚でも、十六一重表菊といって、一重咲きの菊だ。このほかにも、皇室の御紋に似ているけれど、少しちがう菊の紋章がたくさんある。国会議員が上着のえりにつけている議員バッジは、十一一重表菊といって、花びらが11枚で、一重咲きの菊だ。でも、衆議院と参議院ではデザインが微妙にちがう。もしどこかで菊の紋章を見たら、じっくり観察してみるといい。皇室の御紋の十六八重表菊とは、ちがうはずだ。中には裏菊といって、菊の花をうしろから見た紋章もあるし、菊水といって、菊が半分水の中に沈んでいるのもあるよ。

マーガレット　木春菊

キク科　キク亜科　***Argyranthemum*** 属

Argyranthemum frutescens 種

英名　**Marguerite**

Paris daisy

デイジー
和名は「ひなぎく」。

マーガレット

原産地　日本や中国など、北半球の温帯地域

日本への伝来　大昔から日本各地に自生していたと考えられている。

開花時期（日本）
6月～8月

花言葉
恋占い、真実の愛、秘めた愛、など。

マーガレットとデイジーとシャスター・デイジー

マーガレットによく似た花に、デイジーという花がある。日本語の名前は「ひなぎく」だ。でも、デイジーはベリス属（ヒナギク属）といって、マーガレットとは別の属の植物なんだ。マーガレットの花茎は、ときには1メートル近くになることもあるけれど、デイジーの花茎はせいぜい30センチほどだ。花はマーガレットよりも小さいかわりに、いろんな色の花がある。最も大きなちがいは葉っぱだ。マーガレットの葉は、菊の葉（20ページ）のように深く切れ込んでいるけれど、デイジーの葉は丸っこい。このほかにも、シャスター・デイジーという、マーガレットによく似た花もある。これも前の2つとは属がちがうから、ややこしいんだ。

女性の名前

欧米の女性には、マーガレットという名前の人がとても多いんだ。王女や首相、有名な映画女優もいるよ。今のイギリスのエリザベス女王の妹、マーガレット王女も、悲恋の王女として有名だし、鉄の女といわれた有名なイギリスの元首相、サッチャーさんも、マーガレットだ。国によって、マーガレット（Margaret ＝英語）、マルガレータ（Margareta など＝ドイツ語）マルゲリット（Marguerite など＝フランス語）、マルゲリータ（Margherita ＝イタリア語）マルガリータ（Margarita ＝スペイン語）と、発音やスペルが少しずつちがうけれど、みんなこの花からとった名前だ。日本の女の子なら、雑誌の『マーガレット』を思い出すだろうね[注]。

注：集英社発行の日本のまんが雑誌。1963 年に週刊誌として創刊され、現在は月２回刊行。

コスモス　秋桜　大春車菊

キク科　キク亜科　***Cosmos*** 属

Cosmos bipinnatus 種（コスモス、秋桜）

Cosmos sulphureus 種（きばなコスモス）

英名　**Cosmos**

ふつうのコスモス
和名は「秋桜」と「大春車菊」

宇宙の花

「コスモス」には、宇宙という意味もある。ギリシャ語の、秩序、美しい、などを意味するコスモスという言葉がもとなんだ。宇宙には美しい秩序がある。植物のコスモスも、花びらが秩序正しく並んで美しい。だから「コスモス」という名前になったんだ。

岡山県真庭市の高野勲さんは、2006年に、世界で最も背丈の高いコスモスを育てたそうだ。なんと、高さ4メートル10センチだよ。あの世界一の物事を集めて紹介しているギネスブックにも書いてある。高野さんはその後も育て続け、世界一の更新をねらっているそうだよ。花も大きくて、ふつうのコスモスの1.5倍、直径が12センチ以上もある花が、毎年咲くそうだ。

コスモスは、もとはメキシコなどの高地のやせた土地に生えていた野草なので、日本の畑のような肥えた土地で育てると、特別なことをしなくても、どんどん大きくなるそうだ。育てるのは簡単だから、きみたちも世界記録に挑戦してみたらどうだろう。

注：シンガーソングライターのさだまさし（1952年〜）が歌手の山口百恵（1959年〜）のために作った歌。

コスモス

原産地　メキシコから中南米にかけての高原地帯

日本への伝来　1876年に東京美術学校のイタリア人講師ヴィンチェンツォ・ラグーザが持ち込んだという説がある。

開花時期（日本）
7月～11月

花言葉
乙女の真心、平和、など。

きばなコスモス
絵は八重咲きの花。
一重咲きもある。

秋桜

コスモスには、和名が2つある。「秋桜」と「大春車菊」だ。秋桜は、秋に咲く桜のような色の花だから、秋桜になったんだ。すてきな名前だね。大春車菊のほうは、「春車菊」というきばなコスモスによく似た花からとった名前だ。コスモスのほうが春車菊より大きい。

歌手で作詞作曲家のさだまさしさんが作った、『秋桜』注というすてきな歌がある。題名は漢字だけど、コスモスと読むんだ。歌の最初にコスモスが出てくるけれど、最後がいい。

明日への荷造りに手を借りて
しばらくは楽し気にいたけれど
突然涙こぼし　「元気で」と
何度も　何度も　くりかえす母
ありがとうの言葉をかみしめながら
生きてみます　私なりに
こんな小春日和の穏やかな日は
もう少しあなたの子供でいさせてください

日本音楽著作権協会（出）許諾第1700751－701号

これは、その歌の最後のところなんだ。明日お嫁に行く娘が、荷造りを手伝ってくれている母親への思いを歌っている。若いころ、ここが好きで何度も何度も聴いた、なつかしい歌だ。

注　1977年に発表されたが、山口百恵はその3年後に結婚して引退した。歌は『日本の歌百選』に入っている。

ガーベラ　大千本槍

キク科　ムティシア亜科　***Gerbera*** 属

Gerbera jamesonii 種　など

英名　**Gerbera**

原産地　南アフリカ
日本への伝来　1910年ごろ、ヨーロッパから
開花時期（日本）
3月〜5月、9月〜11月
花言葉
希望、前向き、神秘の愛、美しさ、など。

穂状花序
けいとうなど。

肉穂花序
みずばしょうなど。

総状花序
藤など。

散房花序
なずななど。

頭状花序
菊、ガーベラなど。

散形花序
ひがんばななど。

円錐花序
南天など。

ガーベラを描く

ガーベラも、菊の仲間なんだ。細くとがった花びらが放射状に集まった姿は、八重咲きの菊（20ページ）によく似ている。じつは、このたくさんある花びらは、1枚1枚が「舌状花」という1つの花なんだ。ガーベラはそれが放射状に集まった、花の集合体だ。種ができる中心のところも、顕微鏡でしか見えないぐらいの5枚の花びらを持つ、「筒状花」という小さな花の集合体だよ。このような花の構造を「頭状花序」といって、キク科の植物の特徴なんだ。

和名の「大千本槍」は、もちろんこの花の花びらの姿かたちからついた名前だよ。ぼくたち絵かきは、この1000本のやりに筆1本で立ち向かうわけだから、たいへんなんだよ。

ぼくは今でも植物画教室に通っている。高木唯可先生という、植物画がとても上手な先生に習っているんだ。この本の花の絵も、ほとんどを先生に見てもらって、指摘された通りに描きなおしたりしたんだ。左の絵も、先生にいわれて、花びらを1枚1枚ていねいに描き、葉脈をかなり描き込んだ絵だ。でも先生が描いたガーベラは、こんないいかげんなものではないよ。ここまで描かなければいけないのかと思うほど、リアルで生き生きとしているんだ。

でも先生は、生徒の絵をなおしてはくれるけれど、自分の絵を見せて、この通り描きなさいとはいわない。あるとき、教室の仲間がぼくの絵を見て、「高木先生の描きかたとちがう」とけなした。すると先生は、「いいのよ、人それぞれなんだから。自分が描きたいと思うように描けばいいの」といったんだ。つまり、下手でもいい、自分の絵を描きなさいということだ。

きみたちが絵を描くときも、技術的に上手か下手かは問題ではない。どれだけ自分の思いを絵で表せるかだ。花を描くとき、この本の花の絵のまねをしたらだめだよ。自分の思いを込めて描くといい。母の日に、お母さんにカーネーションの絵を描いて贈るつもりなら、画用紙からはみ出すぐらい大きく描いて、まっ赤に塗りたくってもいいだろう。絵とはそんなものだよ。この本の絵のほとんどは、物事を説明するためのイラストレーションであって、本当の意味の絵とはちがう。きみたちが自分の思いをぶちまけて描いた絵が、本当の絵だと、ぼくは思う。

ダリア　天竺牡丹（てんじくぼたん）

キク科（か）　キク亜科（あか）　*Dahlia*（ダリア）属（ぞく）

Dahlia pinnata（ダリアピナータ）種（しゅ）　など

英名（えいめい）　**Dahlia**（ダリア）

ふつうのダリア

ポンポンダリア

ダリア

原産地　メキシコやグアテマラの高原地帯

日本への伝来

1841年　オランダから

開花時期（日本）

７月～10月

花言葉

移り気、華麗、優雅、気品、など。

ダリアも舌状花の集まり

ダリアもキク科だから、花の構造は、ガーベラのところ（27ページ）で話した「頭状花序」なんだ。左の絵の種は、中心にある「筒状花」のかたまりが、外側の「舌状花」にかくれて、外からは見えない。でもガーベラのように、筒状花のかたまりが外から見える種も、たくさんあるよ。それから、「ポンポンダリア」といって、舌状花が球形に規則正しく集まって、まるでボールのように見える種もある。上の絵がそうだ。これも外からは見えないけれど、中心にはちゃんと小さな筒状花のかたまりがあるんだ。

ポンポンって、へんな名前だね。これは、英語名のポンポンダリア（Pompon Dahlia）を、そのまま使った名前なんだ。そのポンポンとは、毛糸やリボンなどを球形に束ねた、洋服などにつける飾り玉のことで、もとはフランス語なんだ。スポーツの試合でチアガールが応援するときに、両手に持ってふりまわしている、はたきみたいなものも、ポンポンというんだ。

日本にも「ぽんぽん」という言葉がある。「おなかがぽんぽんになった」とか、「ぽんぽんはねる」というときのぽんぽんだ。オートバイを作っている大きな会社が２つもある、静岡県では、オートバイのことを「ぽんぽん」というそうだ。馬力の小さいオートバイは、ポンポンというかわいい音を出して走るからだよ。そういえば、昔、ぽんぽん船という小船があった。焼玉エンジンという、今のエンジンとは仕組みが少しちがうエンジンを積んでいて、その船がポンポンというかわいい音を出しながら、水の上をのんびり進んでいたのを覚えている。

いけない、また話が横道にそれてしまった。ぼくの悪いくせなんだ。自分ではそのつもりはないのに、つい話が横道にそれてしまうんだ。今はダリアの話をしているんだったね。つまりポンポンダリアのポンポンは、日本語のぽんぽんとは関係ないという話をしたかったんだ。

ひまわり　向日葵

キク科　キク亜科　*Helianthus* 属

Helianthus annuus 種

英名　**Sunflower**

ひまわりもキク科

ガーベラ（27ページ）のところで、「頭状花序」の話をしたよね。ひまわりの花は、円盤のようなかたちが、頭状花序、つまり、小さな花の集合体だということが、よく見える。外側の花びらが「舌状花」で、まん中の種ができるところが「筒状花」だということも、とてもよく見える。つまりひまわりの花は、キク科の花の構造を観察するのに、もってこいなんだ。

ひまわりには、「姫ひまわり」という、花がふつうのひまわりよりかなり小さい種もある。上の絵とちがい、デイジー（22ページ）の白い花びらを黄色くしたような花なんだ。この本のどこかに絵があるよ。さて、どこにあるかな？　さがしてみよう[注]。

注：答えは142ページにあるよ。

原産地 北アメリカ

日本への伝来 17世紀
一説には、1666年

開花時期（日本）
7月～9月

花言葉
あなただけを見つめます、
愛慕、崇拝、など。

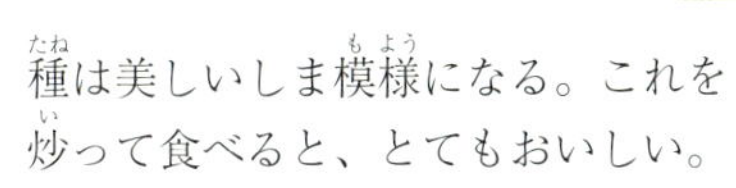

種は美しいしま模様になる。これを炒って食べると、とてもおいしい。

ひまわりの種

全体は美しい幾何学模様になる。こういう模様を「二重らせん図形」という。

ひまわりの話あれこれ

ひまわりは、花がいつも太陽のほうを向いていて、太陽の動きを追って向きを変えるから、ひまわりという名前になったんだと思ったら、ちがうんだ。完全に開いた花は、東向きのままほとんど動かないよ。太陽の動きを追って動くのは、若くてつぼみすらないときの、茎の先の若い葉だ。東から西へと動き、夜のあいだに東向きにもどる。成長するとこの動きは止まってしまうんだ。ただし、たくさんかためて植えてあるひまわりは、こうなるとは限らない。

ひまわりは、北アメリカ大陸が原産の植物だ。紀元前から、アメリカの先住民が食料として栽培していたと考えられている。1510年に、スペイン人がそれをスペインに持ち帰って、花を眺めて楽しんでいた。17世紀になるとフランスへ、そしてロシアへ伝わった。ロシアの人々は眺めて楽しむだけでなく、種を食べはじめたんだ。やがてロシアは食用ひまわりの大生産国になる。今では世界中の多くの国々で、ひまわりの種を食べるために、あるいは種から食用油をとるために、広大なひまわり畑で栽培している。日本でも、北海道などに広大なひまわり畑があるけれど、あれは花を売るためではなく、食用油を生産するために栽培しているんだ。

ひまわりの花で思い出すのは、画家のフィンセント・ファン・ゴッホ（1853～1890年）だ。ゴッホは、オランダ生まれの画家で、晩年にフランス南部に住んで、ひまわりの絵をたくさん描いた人だ。気性の激しい人で、それが絵にとてもよく表れている。物事を目で見てその通り描くのではなく、物事を心で見て、それを絵で表現することができた人なんだ。それだけではない。自分自身の心の中を、思いっきりキャンバスにぶちまけた、数少ない画家の1人だ。

ゼラニウム　天竺葵

フウロソウ科　***Pelargonium*** 属
Pelargonium* × *hortorum 種
英名　**Geranium**

ゼラニウムは葉っぱも楽しめる

　ゼラニウムは、江戸時代の末に日本に伝わった、南アフリカ原産の花だ。19世紀のはじめになると、品種改良が盛んに行われて、いろんな園芸品種が生まれた。そのころは、花ではなく、主に葉を眺めて楽しんだそうだ。上の絵にも見えるように、ゼラニウムの葉には緑色とはちがう模様がある。この模様のかたちや色を改良した、いろんな品種が生まれたんだ。珍しい模様の品種は、ものすごい高値で取り引きされたそうだ。今も100品種ほどが残っているよ。つまりゼラニウムは、花を楽しむだけでなく、観葉植物としても楽しめるんだ。

原産地 南アフリカ

日本への伝来 江戸時代末
ゲラニウム・ゾナーレ種が最初に伝わったとされる。

開花時期（日本）
4月～11月

花言葉
尊敬、真の友情、信頼、君がいて幸せ、など。

ぼくの愛車。→

ゼラニウムの誘惑

ゼラニウムには、なつかしい思い出があるんだ。オーストリアという国へ、旅をしたことがある。チロル地方という、オーストリアの中でも、特に美しいところへ着いたときのことだ。山々を背にした放牧場がひろがるのどかな村で、「空室あり」と書いた看板をかかげた農家を見つけた。上はその写真で、典型的なチロル風の農家だ。でも古い家ではなく、新しく建てた家だ。チロル風の木製の飾りのあるベランダに、赤いゼラニウムがたくさん咲いていたんだ。あまりにも美しいので、今晩はここに泊まろうと決めた。ヨーロッパで旅をするときは、こうして田舎で空室の看板を見つけて、泊めてもらうことにしていた。街のホテルに泊まるより、はるかに安いからだ。ただし、こういうところでは、宿泊料は交渉しだいなんだ。

交渉がうまくいって、部屋へ案内してもらった。とても親切な農家のおばさんだ。まだ木の香りがする2階の小部屋は、とても清潔だし、ゼラニウムのベランダからの見晴らしもすてきだった。ところが、新しい木の香りとはちがう、異様なにおいがするんだ。おばさんがいなくなってから廊下に出てみた。押入れのようなドアがあったので、開けてみた。なんと、そこで牛が40頭ほど、えさを食べていたんだ。おどろいたなあ。つまりこの建物は、正面から見るとチロル風のすてきな家だけど、じつは大きな牛小屋なんだ。ぼくらはゼラニウムに惑わされたというわけさ。でも、おばさんは親切だし、景色もよかったので、結局ここに2泊したんだ。

あさがお　朝顔

ヒルガオ科　***Ipomoea*** 属　***Ipomoea nil*** 種

英名　**Morning glory**

１本の茎には、同じ色の花しか咲かない。この絵は、ちがう色の花が咲く２本の茎が、互いにからみ合っているところを描いた絵だ。

さつまいもの花
朝顔とちがって、めったに咲かない。さつまいもの話は『野菜のかたち』にある。

原産地 熱帯アジアのヒマラヤ山麓
日本への伝来 奈良時代末中国から
開花時期（日本）
7月～9月
花言葉
はかない恋、愛情、固い絆、など。

朝顔は日本の誇り

学校やおうちで朝顔を育てたことがあるかな。理科の観察日記を書くのには、うってつけの植物だよね。ぼくも子どものころに、夏休みの宿題としてやったことがある。クラスの大勢が同じことをしているので、新鮮味がなくて、先生はちっともほめてくれなかったけれどね。

朝顔は、日本では古くから栽培されていて、江戸時代には育てるのが大流行した花なんだ。そのころに品種改良も盛んに行われて、かたちや色の変わった朝顔がつぎつぎに開発された。だから朝顔は、日本では最も発達した園芸植物だといわれている。世界的に見ても、これほどかたちや色が多様に変化した花は少ないそうだ。つまり朝顔は、世界に誇れる日本の花だよ。江戸時代の絵かきのあいだでは、朝顔の絵を描くのが大はやりで、びょうぶ絵やふすま絵の名作がたくさん生まれたんだ。今でも日本各地の美術館などで、見ることができる。

ところで、上の絵は、花も葉っぱも、かたちといい、色といい、朝顔にそっくりだね。でも朝顔ではないよ。さつまいもの花だ。どちらも同じ、ヒルガオ科イポモエア属だよ。日本語の属名でいうと、サツマイモ属だ。でもね、朝顔の根には、おいもはできないよ。

朝顔は「つる植物」といって、近くのものにつるを巻きつけ、どんどん高いところへ登っていくんだ。棒やひもでうまく導くと、2階の屋根まで登ることもある。だから、夏の日よけとして育てる人もいるよ。まるで緑色のカーテンみたいだから、グリーンカーテンというんだ。

あやめ、かきつばた、はなしょうぶ

菖蒲　綾目　杜若　燕子花　花菖蒲

アヤメ科　*Iris* 属　***Iris sanguinea*** 種（あやめ）

アヤメ科　*Iris* 属　***Iris laevigata*** 種（かきつばた）

アヤメ科　*Iris* 属　***Iris ensata*** 種（はなしょうぶ）

英名　**Siberian iris**（あやめ）

　　　Japanese iris（かきつばた、はなしょうぶ）

あやめ

かきつばた

はなしょうぶ

いずれあやめか、かきつばた

「いずれあやめか、かきつばた」という言葉がある。どちらもとても美しいという意味で、複数の人やものの美しさをほめる言葉として、昔から使ってきたんだ。あやめとかきつばた、それにはなしょうぶを加えた３つは、花だけを見ると、どれがどれなのか、よくわからない。そこから出た言葉だ。だから、どちらも優劣がつけられないという意味でもあるんだ。

あやめ、かきつばた、はなしょうぶの３つを、簡単に見分ける方法があるよ。いちばん簡単なのは、花びらを見ることだ。上の絵のように、あやめは、花びらのつけ根のところにあみ目模様がある。だから「綾目」という名前になったんだ。かきつばたは、花びらのつけ根に白いとがった模様がある。はなしょうぶは、ほうき星のようなかたちの模様がある。これを覚えておくといいんだ。ほかにも、あやめは乾いた畑でも育ち、かきつばたは湿地でしか育たない。

ここで問題なのは、しょうぶだ。しょうぶはショウブ科の植物で、アヤメ科の３つとは科がちがう。英語名はスイート・フラグ（甘い刀状葉[注]）で、アイリスではない。花も全くちがう。右下の絵がしょうぶの花だよ。「ええっ？」と思うだろう。ぼくも本を書くために植物図鑑で調べるまで、知らなかったんだ。びっくりしたなあ。縄田先生に笑われたけれどね。おまけにややこしいのは、漢字名だ。「菖蒲」と書いて「あやめ」とも「しょうぶ」とも読むんだ。

注：刀状葉（flag）とは、しょうぶ、あやめ、がまなど、葉のかたちが刀のような植物や、その葉のこと。

はなしょうぶの花
しょうぶの仲間ではない。あやめと同じ、イリス属の仲間だ。

しょうぶの花
がまの穂（90ページ）のように、小さな花がたくさん集まっている。肉穂花序（27ページ）という花の集合体だ。

あやめ、かきつばた、はなしょうぶ

原産地　北半球

日本への伝来　不明

開花時期（日本）

あやめ	5月上旬～中旬
かきつばた	5月中旬～下旬
はなしょうぶ	6月上旬～下旬

花言葉
（あやめ）よい便り、希望
（かきつばた）言葉を伝える
（はなしょうぶ）心いき

カトレア、しらん　紫蘭

ラン科　*Cattleya* 属　*Cattleya labiata* 種など（カトレア）

Bletilla 属　*Bletilla striata* 種（しらん）

英名　**Orchid**（カトレアを含むらん）

Urn orchid（しらん）

カトレア

荷物についてきた花

カトレアは、「洋らんの女王」といわれている。それほど華やかで、美しいということだ。カトレアにはおもしろい話がある。1818年のある日、イギリスのキュー・ガーデン（93ページ）という植物園に、ブラジルから荷物が届いた。珍しいこけの標本が入っていて、大事な標本が枯れないように、ぶあつい葉で包んであった。園長がこれは何だろうと思って、ウィリアム・カトレイという園芸家に頼んで、育ててもらった。カトレイが苦労して育ててみたら、今まで見たこともない美しい花が咲いた、という実話だ。カトレアは、このウィリアム・カトレイにちなんでつけた名前なんだ。

しらん

日本や中国が原産のらんの仲間。日本の野や山にも自生している。一般には、らんの仲間は種から育てるのは難しいが、しらんは種から簡単に育つ。花壇や庭に植えてほうっておいても、よく花が咲く、育てやすいらんだ。

カトレア

原産地 中南米

日本への伝来 不明

開花時期（日本）
種により異なる

花言葉
優美な貴婦人、魔力、魅惑的、など。

らんの仲間は大家族

らんの仲間は、とても多い。世界中に、700属以上、1万5000種以上あるそうだ。全世界の熱帯や亜熱帯地域に自生していて、いまだに毎年のように新しい種が発見され、どんどん数が増えている。ラン科は、被子植物という区分の中では、種の数が最も多い科なんだ。日本にも75属230種ものらんがあるそうだよ。中でも左の絵のカトレアの仲間や、こちょうらんというらんなどが有名だ。らんマニアといって、珍しいらんを育てている人たちも多い。日本では、らんは鉢植えの花だと思われているけれど、花壇や庭に植えるらんの仲間も、たくさんある。上の絵のしらんも、86ページのさぎそうもだ。あまりにも多くて、どのらんの絵を描けばいいのか困ってしまう。だからここでは、らんを代表して、カトレアとしらんの絵を描いたんだ。

ところで、人間はなぜ花を見て美しいと感じるのだろう。不思議だなと思って調べてみた。調べれば調べるほど、難しい哲学の世界に迷い込んで、結局、何もわからなかった。じゃあ、動物はどうなんだろうという疑問がわいてきた。そこで、実験をしてみることにした。ぼくはモコという名の雑種の犬を飼っている。もう12歳の雄の老犬だ。そのモコに、絵を描くために買ってきたカトレアの鉢植えを、そっと近づけてみた。犬には色が見えないので、白黒の世界で生きているといわれる。それでもカトレアを見れば、美しいと感じるかもしれない。もしそうなら、犬が愛情を示すときにやる、うれしそうに見つめるとか、舌をぺろっと出してなめる、などのしぐさをすると思ったんだ。モコはカトレアを見て、ちょっとにおいをかいだ。これはいけるぞと思ったとたん、片足を上げて、カトレアの根もとめがけておしっこをひっかけた。

哺乳類の雄は、自分の縄張りを主張するために、いろんなものにおしっこをかけてまわる。だからモコも、これはおれのものだといいたかったのだろう。もしそうなら、美しいから自分のものにしたかったのかもしれない。結局、この実験では、犬の気持ちは解明できなかった。でも、カトレアは犬のおしっこをかけると枯れるということが、実験で証明されたんだ。

すずらん

鈴蘭　君影草　谷間の姫百合

キジカクシ科　***Convallaria*** 属

Convallaria majalis 種

英名　**Lily of the valley**

原産地　日本
園芸種のドイツすずらんは、ヨーロッパ原産

日本への伝来
ドイツすずらんはヨーロッパから。時期は不明

開花時期（日本）
４月〜５月

花言葉
幸福の再来、純愛、希望、あふれ出る美しさ、など。

すずらんの実
すずらんの実は、ミニトマトをもっと小さくしたような実で、姿かたちがとてもかわいい。
でも、毒があって食べられない。

すずらんは「らん」ではない

すずらんは、名前に「らん」がついているけれど、らんの仲間とはちがうんだ。ヒヤシンス（８ページ）と同じで、野菜のアスパラガスの遠い親戚だよ。ちょっと信じられないね。でも、すずらんもヒヤシンスもアスパラガスも、同じキジカクシ科だ。きじかくしは、日本の野山に自生している草の名前だ。ほかにも、名前に「らん」がつくのに、らんの仲間ではない植物がいくつかあるよ。むらさきくんしらん（別名：アガパンサス＝ヒガンバナ科）、りゅうぜつらん（キジカクシ科）、料理の仕切りに使う、はらん（キジカクシ科）、などがそうだ。ただし、「えぞすずらん」という高山植物は、ラン科なんだ。葉がすずらんの葉によく似ているので、「すずらん」という名前がついたんだ。なぜこんなややこしい名前をつけるんだろうね[注]。

その「すずらん」は、もちろん日本語だけど、ほかにもすてきな和名がある。「君影草」と「谷間の姫百合」だ。あなたのおもかげの草なんて、すてきだろう？　谷間の姫百合のほうもすてきだけど、こっちは英語名をそのまま日本語に訳した名前だ。

姿かたちがかわいいし、名前もすてきだし、花言葉も「再び幸福が訪れる」だから、とてもやさしい花なのかと思ったら、ちがうんだ。すずらんには毒がある。特に花と根には、とても危険な毒が含まれている。まちがって食べると、頭痛、めまい、血圧低下、心不全、心臓まひなどを起こし、死ぬこともあるそうだ。すずらんを食べる人なんていないだろうと思ったら、北海道などの山野でとれる「行者にんにく」というおいしい山菜に似ているので、まちがって食べて食中毒を起こす事故が、ときどきあるそうだよ。

注：さらにややこしいことに、最近の分子系統学による分類法では、ヒヤシンス科、リュウゼツラン科スズラン科などが新設され、ヒヤシンス、りゅうぜつらん、すずらんは、それらに分類されることがある。

ききょう　桔梗

キキョウ科　***Platycodon*** **属**　***Platycodon grandiflorus*** **種**

英名　**Balloon flower**

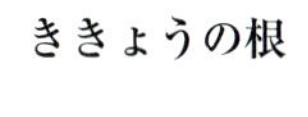

ききょうの根

原産地　日本、中国、朝鮮半島

日本への伝来　大昔から日本にあった

開花時期（日本）　6月～9月

花言葉　永遠の愛、誠実、従順、など。

絶滅が心配

日本では、野山に自生しているききょうは、「絶滅危惧種」に指定されている。絶滅危惧種とは、生きている動物や植物の数が減って、世界や日本から消えてしまう心配のある動植物の種のことをいうんだ。なぜ減ってしまうかというと、様々な理由があるけれど、最近は人間の活動がその理由になることが多い。乱獲、農薬の使用、乱開発、などがそうだ。日本で野生のききょうが少なくなったのも、乱獲が原因だろうといわれている。ききょうは、根が漢方薬の原料になる植物で、昔から野生のききょうの根が薬の原料として盛んに使われてきたからだ。絶滅危惧種に指定された今では、中国や韓国から乾燥した根を輸入しているんだ。日本国内の畑で栽培しているところもある。こうして日本から消えてしまう心配のある花は、ききょうに限らないよ。準絶滅危惧種のさぎそう（86ページ）もそうだし、ほかにもたくさんあるんだ。だからきみたちも、野山を歩いているときに、もし咲いているのを見つけたとしても、絶対にとったらだめだよ。絶滅危惧種でなくてもそうだ。そっとしておけば、種ができてまた増えていく。自然の中で生きている動物や植物は、一度絶滅すると、復活させるのはほとんど不可能なんだ。とったらきみだけが楽しんで終わりだ。野山の花は、野山にあってこそ美しい。

花壇や庭に植えて楽しむために、園芸店などで売っているききょうの苗は、野生のききょうではない。園芸品種のききょうで、野生のききょうより花が少し大きいし、たくさん花がつくように品種改良したものなんだ。花屋さんで切り花で売っているききょうも、この園芸品種のききょうだよ。園芸品種には、花が白い品種やピンクの品種もある。どっちにしても、野山でとってきたききょうを売っているわけではないから、心配しなくてもいい。

ききょうは、英語名がおもしろい。「バルーン・フラワー」、つまり気球の花というんだ。絵のように、つぼみのかたちが、ふくらんだ熱気球のかたちに似ているからだってさ。

それから、ＪＲ北海道の函館本線に、「桔梗」という駅があるよ。これは、昔、そこの村が「桔梗村」だったからだ。昔は、そのあたりにききょうがたくさん生えていたからだそうだ。今は町村合併で、北海道函館市桔梗になっている。桔梗駅は、その３丁目にあるんだ。

カーネーション

和蘭石竹　麝香撫子

ナデシコ科　***Dianthus*** 属

Dianthus caryophyllus 種

英名　**Carnation**

ムーンダスト

カーネーション

原産地　南ヨーロッパ　西アジアの地中海沿岸

日本への伝来　江戸時代初期　オランダから

開花時期（日本）
４月～７月、９月～10月

花言葉

全般	無垢で深い愛
赤	愛、感動
白	純粋な愛
ピンク	温かな愛情、感謝の心

母の日の贈り物

タイトルの下の分類名を見てもわかるように、カーネーションは、なでしこ（46ページ）の仲間なんだ。だから46ページの絵とくらべてみると、姿かたちがなんとなく似ているよ。

母の日（５月の第２日曜日）に、お母さんにカーネーションを贈るという風習がある。これはアメリカではじまった風習だ。アメリカの南北戦争（1861～1865年）のとき、アン・ジャービスという女性活動家が女性たちに呼びかけて、敵味方を問わず負傷兵を助ける活動をはじめた。1905年にアンが亡くなると、娘のアンナ・ジャービスが、母親をしのんで追悼集会を開いた。そのとき、参加者に白いカーネーションの花を贈った。それが「母の日」のはじまりなんだ。この集会は翌年も開かれ、たくさんの人々が集まった。やがて全米にひろまり、1914年には、５月第２日曜日が「母の日」としてアメリカの公式の休日になったんだ。白いカーネーションを母の日に教会で母親に贈る風習も、同時にひろまった。それがやがて世界中に伝わったんだ。でもね、母の日は世界では５月第２日曜日とは限らないよ。例えばノルウェーでは２月第２日曜日だし、スペインやポルトガルでは５月第１日曜日だし、ロシアでは11月の最後の日曜日なんだ。

日本にこの風習が伝わったのは、明治時代の末だ。はじめはキリスト教の教会や学校の風習だったけれど、1937年に、お菓子を作る森永製菓という会社が「母の日」を大々的にひろめる活動をして、日本中にひろまったんだ。でも、はじめは白いカーネーションだけだったのに、赤いカーネーションも使うようになったのは、いつだれがはじめたのかわからない。

ところで、青いカーネーションがあるのを知っているかな。カーネーションには青い色素がないので、本来なら青はないはずだ。ところがムーンダストという品種は、青いんだ。これはもともとはお酒を造るサントリーという会社が、オーストラリアの会社と共同で、遺伝子組み換え技術を応用して、1997年に発売したんだ。今では大きな花屋へ行くと売っているよ。青といっても、実物を見ると、むらさきだけどね。これとは別に、空色のカーネーションを格安で売っていることがある。でもね、あれは白いカーネーションの切り花に青い染料を吸わせて、染めたんだ。花を染める薬品があって、それを買ってくれば、きみたちでも簡単にできるよ。

なでしこ　撫子

ナデシコ科　***Dianthus*** 属
Dianthus superbus 種（かわらなでしこ）
Dianthus chinensis 種（せきちく）
英名　**Dianthus**

かわらなでしこ
別名：やまとなでしこ。

せきちく
平安時代に中国から伝わった
ディアントゥス属の仲間。

なでしこ

原産地　ユーラシア大陸から南アフリカ

日本への伝来　日本では古くからかわらなでしこの仲間が自生していた。

開花時期（日本）
4月～10月

花言葉
純愛、貞節、大胆、など。

がんばれニッポン

「なでしこジャパン」を知っているかな。サッカー日本女子代表チームの愛称だ。なでしこジャパンは、2011年の女子ワールドカップ大会で世界中の女子サッカーチームとたたかって、優勝したチームだよ。日本中でたくさんの人々がテレビで観戦して、大さわぎになったんだ。もちろんぼくも観たよ。チームはそのときの業績が高く評価され、国民栄誉賞を受賞したし、「なでしこジャパン」の言葉は、その年の流行語大賞を受賞したんだ。そもそもこの愛称は、「大和なでしこ」という言葉の、大和（日本という意味）を、ジャパンに変えた名前なんだ。「大和なでしこ」は、日本の女性が清らかできびきびとしていることをほめる、日本で昔から使われている言葉だ。もちろん、なでしこの花のかたちや様子になぞらえた言葉だよ。

なでしこにもいろんな種がある。日本に多いのは、左の絵のディアントゥス・スペルブス種（カワラナデシコ種）だよ。この「かわらなでしこ」自体も、別の名前をさっきの言葉と同じ「やまとなでしこ」というんだ。なでしこの仲間には、「せきちく」という花もある。花壇に植える花として人気があって、品種改良したいろんな色の品種がある。上の絵はその1つだ。せきちくの仲間には、これよりももっと派手な模様の品種や、八重咲きの品種もあるよ。

それから、ヨーロッパに昔からあったディアントゥス・カリオピュルス種というなでしこの仲間は、カーネーション（44ページ）の原種なんだ。つまりカーネーションは、自然にできたのではなく、人間がなでしこの仲間から作り出した、園芸種の植物だよ。

ポピー（ひなげし）　雛罌粟　虞美人草

ケシ科　***Papaver*** 属　***Papaver rhoeas*** 種（ひなげし）

英名　**Corn poppy**

ポピー（ひなげし）

日本でも、埼玉県鴻巣市の荒川の河川敷に、日本一広いポピーの群落がある。５月の下旬にそこへ行くと、赤いポピーの花が、見わたす限り咲き乱れているそうだ。

原産地　北アメリカ南部
日本への伝来　室町時代にインドから、麻薬の原料にできるけしが伝わった。ひなげしの伝来は不明。
開花時期（日本）
5月～6月
花言葉
忘却、眠り、想像力、など。

青いポピー
メコノプシス・ベトニキフォリア種という、ヒマラヤの高地に自生しているけしの仲間は、花が青い。「ヒマラヤの青いけし」と呼ばれ、花好きの人たちの間では、有名な花だ。

ひなげしは麻薬の原料か？

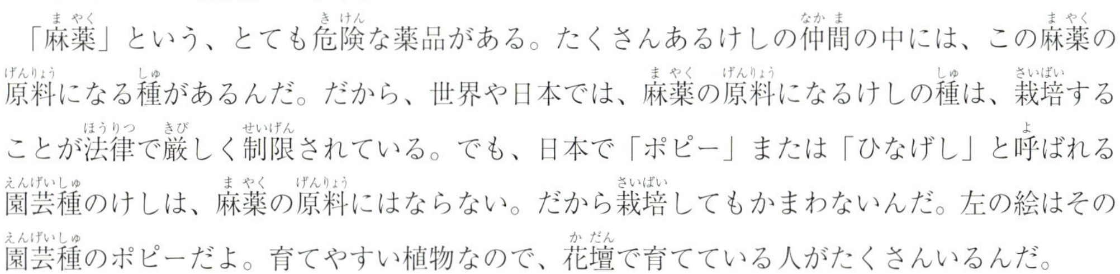

「麻薬」という、とても危険な薬品がある。たくさんあるけしの仲間の中には、この麻薬の原料になる種があるんだ。だから、世界や日本では、麻薬の原料になるけしの種は、栽培することが法律で厳しく制限されている。でも、日本で「ポピー」または「ひなげし」と呼ばれる園芸種のけしは、麻薬の原料にはならない。だから栽培してもかまわないんだ。左の絵はその園芸種のポピーだよ。育てやすい植物なので、花壇で育てている人がたくさんいるんだ。

スペインという国を旅行したことがある。とても美しい国で、歴史的な建物も多い。そこのラマンチャ地方で、コンスエグラという町を訪ねた。スペインのミゲル・デ・セルバンテス（1547～1616年）という作家が書いた、『ラマンチャのドン・キホーテ』という小説で有名なところだ。ドン・キホーテは架空の人物だ。中世の騎士にあこがれ、家来のサンチョパンサをつれて、ラマンチャ地方を旅をしてまわる。コンスエグラの近くまで来ると、丘の上に風車がたくさん並んでいた。ドン・キホーテはそれを敵の大群だと思って、やりをかまえて突進して行った。その風車群が、コンスエグラの丘に今も残っている。昔のように粉ひきの動力として使うのではなく、文化財として残してあるんだ。スペインの首都マドリードには、馬に乗ってやりをかついだドン・キホーテと、ろばに乗ったサンチョパンサの大きな銅像があるよ。

その風車が並んだ丘の上から見下ろしたコンスエグラの町のまわりに、赤いポピーが一面に咲いていたんだ。息をのむような、見事なポピー畑だった。スペインでは、ポピーのことを「アマポーラ」と呼んでいるそうだ。もちろんアマポーラは麻薬の原料になる種類のけしではない。でも、何のために広大な平地でポピーを育てているのだろう。じつはね、ポピーの種は食べられるんだ。ヨーロッパにはポピーの種をまぜて焼いたパンやお菓子などがあるし、日本でも、炒った種が七味とうがらしに入っているんだ。あんパンのまん中に乗っている、小さな白い粒々も、けし（ポピー）の種だよ。もちろん、ポピーの種には麻薬としての働きはない。

サルビア　緋衣草

シソ科　***Salvia*** 属　***Salvia splendens*** 種

英名　**Salvia**

Scarlet sage

原産地　ブラジル
ブルーサルビアは北アメリカ
日本への伝来　明治時代
中ごろ。アメリカから
開花時期（日本）
７月～10月
花言葉
尊敬、家族愛、燃える想い、
など。

腕木式信号機

サルビアの信号機

サルビアは、たくさんある春の花が終わり、秋の花が咲きはじめるまでの、真夏の暑いときの比較的花が少ない時期に咲くので、夏の花壇の花として、とても人気があるんだ。

サルビアの花を見ると、昔の鉄道の信号機を思い出すんだ。今ではほとんど使わなくなったけれど、ぼくが子どものころは、今のＪＲ、そのころの「国鉄」[注]の路線でも使っていたんだ。腕木式信号機といって、電力で動くのではなく、腕木から近くの建物まで、ワイヤーがのびていて、その建物の中で、係員がワイヤーを引っぱる大きなレバーを動かして、操作するんだ。世界中には、いろんな方式の腕木式信号機がある。日本の場合は、上の絵の赤い腕木が水平のときは、現在の赤信号と同じ「止まれ」、腕木がななめ向きのときは、青信号と同じ「行け」なんだ。その下の黄色い腕木は、水平のときは黄信号と同じ「この先の信号機は赤。注意して徐行せよ」で、ななめ向きのときは、「この先の信号機は青。行け」なんだ。駅の近くでは、線路が複雑に入り組んでいるから、どれがどの線路のだかわからないほど、信号機がたくさん立ち並ぶ。まるで左の絵のサルビアみたいだよ。ぼくは昔は鉄道マニアだったから、こういうことならよく知っている。だからサルビアの花を見ると、腕木式信号機に見えてしまうんだ。

サルビアの花の、信号機の腕木に見える長く突き出したものは、「唇花」といって、受粉を助ける昆虫などを呼び寄せるための、甘いみつが入っているんだ。この唇花だけをそっと引き抜いて、つけ根のところをしゃぶると、甘くておいしいよ。だけどね、みつはほんの少ししか入っていないから、何本も引き抜きたくなる。あんまりやると、お母さんにしかられるよ。

注：日本国有鉄道の略称（短くちぢめた言葉）。

ラベンダー

シソ科　***Lavandula*** 属

Lavandula angustifolia 種 など

英名　**Lavender**

拡大したラベンダーの花穂
花は下から咲いていく。
絵の上のほうはつぼみ。

原産地　地中海沿岸
カナリア諸島、インド、中東などの説もある。
日本への伝来　19世紀初頭。
本格的な栽培がはじまったのは、1937年。フランスから導入した品種。
開花時期（日本）
５月～７月。
北海道は７月中ごろ
花言葉
沈黙、優美、繊細、など。

ラベンダーは草ではない

ぼくはラベンダーは「草」だと思っていた。だから花壇の花の中に入れたんだ。でも本当は「半木本性植物」といって、灌木[注]の１種なのだそうだ。だから本当なら、ラベンダーはあとで話す灌木のところに入れるべきなんだよ。でも、どう見ても灌木には見えないよね。それに、花壇で育てて楽しんでいる人も多いから、まあ、花壇の花のところで話してもいいだろう。

もちろん、ラベンダーは花壇に植えるほどだから、花はかわいくて美しいし、香りもいい。でも、どちらかというと、ラベンダーは香水の原料にするために栽培されてきた植物なんだ。残念ながら、一般家庭の花壇で育てるぐらいの分量では、香水は一滴もとれないよ。

ラベンダーは、古代ローマ時代にも香料の原料として栽培されていたんだ。古代ローマ人はお風呂が大好きで、乾燥したラベンダーをお風呂に入れたという説がある。今でもローマ時代の公衆浴場の遺跡が各地にあるよ。中世には、香水を作るために、ヨーロッパで広く栽培されるようになった。特にフランス南東部のプロバンス地方では、ラベンダーの栽培と香水の生産が一大産業になる。今でもプロバンス地方のラベンダーの香水は、世界中に輸出しているんだ。お母さんに聞いたら、知っているかもしれないよ。ひょっとしたら使っているかもしれない。

日本でも、1937年にフランスからラベンダーの種を買い入れて、北海道で本格的に栽培するようになったんだ。でも、最近では人工的に作る合成香料が普及して、北海道のラベンダーの栽培は急速におとろえたそうだよ。今では北海道の富良野というところで、観光用に栽培しているラベンダーが有名なんだ。７月中ごろに富良野へ行くと、花盛りの広大なラベンダー畑を見ることができる。ＪＲ富良野線には、「ラベンダー畑駅」という駅まであるんだ。ただし、列車は６月から10月までしか止まらないよ。しかも、止まるのは限られた列車だけだ。

注：灌木については、93ページに説明がある。

けいとう　鶏頭

ヒユ科　***Celosia*** 属　***Celosia argentea*** 種

argentea.ver.cristata 種（下の絵）

argentea.ver.plumosa 種（右の絵）

英名　**Plumed cockscomb**

ふつうのけいとう

原産地　熱帯アジアからインド、熱帯アフリカ

日本への伝来　８世紀ごろ。中国から朝鮮半島を通って。

開花時期（日本）

７月～10月

花言葉

おしゃれ、風変わり、情愛、個性、など。

様々な品種の
羽毛けいとう

とさかの花

けいとうは、漢字で書くと「鶏頭」、つまりにわとりの頭だ。けいとうの花が、にわとりのとさかに似ているので、この名前になったんだ。でもこんなかたちのとさかはあまり見ないね。ふつうのにわとりのとさかは、左の絵のようなかたちではない。もっと平らで、ぎざぎざのあるうすい舌のようなかたちだ。でも、にわとりの仲間には、こんなかたちのとさかを持っているにわとりもいるんだ。にわとりのとさかには、「単冠」「ばら冠」「豆冠」「くるみ冠」の、4つのちがうかたちのとさかがあるんだ。このうちの豆冠が、左の絵のようなかたちなんだ。だから豆冠のにわとりを見て、この花を「けいとう」と呼ぶようになったんだろうね。でも、養鶏場などで飼っているにわとりは、単冠を持っているにわとりが、圧倒的に多いよ。

にわとりには、なぜとさかがあるのだろう。ほかにも、とさかを持っている鳥は、たくさんいるね。じつは、鳥のとさかは、鳥の祖先の恐竜の名残りなのだそうだ。そういえば、恐竜の仲間には、背中にとさかのようなものがついている恐竜がいるね。恐竜から進化した、始祖鳥という鳥類の祖先は、すでにとさかのようなものを持っていたと考える学者もいるんだ。

けいとうの仲間には、「羽毛けいとう」や、「きものけいとう」といって、豆冠のとさかのかたちではなく、左の絵の、筆のかたちのところだけの種類もある。上の絵は羽毛けいとうの寄せ植えだ。「きものけいとう」ともいう。赤、ピンク、オレンジ色、黄色など、様々な色の品種がある。これらは、ケロシア・アルゲンテア種（ケイトウ種）の変種なんだ。

ところで、花の属名や種名や英語名は、ア（A）で終わる名前が多いね。欧米では、女性はAで終わる名前が多い。男性は、Aで終わる名前はごく少ない。つまり欧米人は、花は女性だと思っているんだ。でも、属名や種名がス（S）で終わる花は、ほとんどが男性の名前だよ。

りんどう　竜胆

リンドウ科　***Gentiana*** 属
Gentiana scabra 種
英名　**Japanese gentian**

りんどう
これは日本中に自生する野生種のりんどう。
園芸種のりんどうは、これよりも背丈が低く、
花がもっと大きい種が多い。

白寿という品種

りんどう

原産地　世界のほぼ全域

日本への伝来　不明

開花時期（日本）
９月～11月

花言葉
あなたの悲しみによりそう、誠実な人がら、正義、貞節、さびしい愛情、など。

自動開閉式の花

りんどうの花は、じつにうまくできているんだ。咲くときは、どの花も絵のように上向きに咲くので、雨が降ったり夜露がかかると、中のおしべやめしべがぬれるから、困る。だから、すでに開いている花でも、くもりや雨の日や夜のあいだは、花びらが閉じるようになっている。つまり、お天気のいい昼間にしか開かないんだ。門灯などで、暗いときだけ自動的に点灯する照明器具があるけれど、あれに似たようなしかけを持っているんだよ。すごいだろう？

りんどうの花は、敬老の日に、お年寄りに贈る花としても、よく使われるんだ。なぜなら、昔はむらさきは高貴な色と考えられていて、尊敬される高貴な人の、シンボルカラーだった。今でも「紫綬褒章」といって、すぐれた業績を上げた人たちに国が贈る勲章の色は、むらさきだよ。だから敬老の日に、花の色が青むらさきのりんどうを、尊敬するお年寄りに贈るようになったそうだ。でも、ぼくはまだもらったことがない。尊敬されていないのかなあ。

敬老の日の花として特に人気があるのは、りんどうの中の「白寿」という品種だ。おかしな花で、上の絵のように、１つの花に２色の花びらが交互に並んでいる。「白寿」とは、99歳のことだよ。漢字の白は、百から一を引く。つまり99だ。これは、そこまで長生きをすることができたおめでたい歳として、まわりの人たちが「寿ぐ」、つまりお祝いをする歳なんだ。

それで思い出したけれど、病気の人のお見舞いに行くとき、鉢植えの花や観葉植物を持って行ってはいけないといわれている。これは、植木鉢の土に、ばい菌がついているかもしれないという理由でもあるけれど、鉢植えの植物は「根付く」から、「寝付く」を連想するという、語呂合わせなんだ。病室に４号室がないのと同じだ。４は「死」を連想するからさ。

病気といえば、りんどうの根には、胃や腸の働きをよくする薬の成分が含まれているんだ。だから昔から、野生のりんどうが薬草として珍重されてきたんだ。りんどうのことを、漢字で「竜胆」と書くけれど、竜胆は、もともとは今でも売っている漢方薬の名前だよ。

しばざくら　芝桜

ハナシノブ科 ***Phlox*** 属
Phlox subulata 種
英名 **Moss phlox**

芝桜
ピンクのほかに、うすむらさき、
白、すじ模様などの品種がある。

原産地	北アメリカ
日本への伝来	不明
開花時期（日本）	４月中旬～６月上旬
花言葉	合意、忍耐、燃える恋、臆病な心、など。

日本一の芝桜

芝桜は、花が桜の花に似ていて、芝生のように地面をおおいつくすので、芝桜という名前になったんだ。寒さに強い植物で、北海道のような寒いところでも、よく育つ。だから北海道の滝上町、羅臼町、大空町では、町花に指定している。その滝上町の「芝ざくら滝上公園」に、日本一広い芝桜の群落があるよ。10万平方メートルだから、プロ野球のグラウンド（観客席は除く）が７つも入って、まだゆとりがある。芝桜が咲く５月上旬から６月上旬にかけて、大勢の観光客が訪れるそうだ。右のページの写真がそうだ。すごいだろう？　1954年の台風で、桜の木が倒れた山に、町の人たちが、みかん箱一杯分の芝桜を植えたのが、はじまりだそうだよ。５月か６月に北海道へ行くことがあったら、訪ねてみるといい。きっといい思い出になる[注]。

注：童話村たきのうえ北海道滝上町観光協会　[URL　http://takinoue.com/]

北海道の芝ざくら滝上公園。（写真：滝上町観光協会提供）

芝桜の思い出

芝桜は、じつによく増える。ぼくはそれを経験したことがあるから、よく知っているんだ。昔、借家に住んでいたころ、芝桜を育てたことがある。南側が空地に面した借家で、殺風景なブロック塀で建物とせまい庭を囲ってあった。あまりにも無風流なので、家主さんに断わってブロック塀の外側に芝桜の苗を植えたんだ。外側はその家主さんの土地だから、断わったとはいえ、あまり大きなものは植えられない。芝桜なら小さいし、抜こうと思えばすぐ抜ける。

石ころだらけの土地で、はじめはなかなかうまく根づかなかった。でも、いろいろ試しているうちに、なんとか育つようになった。4月になるとピンクの花がたくさん咲いて、とても喜んだものだ。そんなある日、家主さんが家を見に来た。芝桜が空地全体にひろがったら困るかなと思ったら、家主さんは、「きれいにしていただいてありがとう。私も花が好きだから、よければほかの花も植えてください」といったんだ。そのときは「やった！」と思ったな。

そのことがあってから、気をよくして、芝桜を株分けしてどんどん増やしていった。やがて隣の借家まで侵入しはじめた。でも、隣の人も「花が楽しみだからひろがっても抜かなくてもいい」といったんだ。それでまた気をよくして、こんどは、南側の家主さんの空地のあちこちに株分けして植えておいた。4月になるとたくさん花が咲いて、近所の人が「きれいですね」といってほめてくれた。じゃあ、少し持って帰りますかといって、株を分けてあげた。こうしてそのあたりが芝桜だらけになった。

しばらくして、職場に近い今の家へ引っ越した。数年後に、なつかしいので昔の家を訪ねてみた。なんと、借家が数軒と、空地があったところに、大きなマンションが建っていた。呆然としてそのあたりを歩いていたら、そのマンションの敷地の片すみで、ひょろひょろの芝桜を数株、見つけたんだ。「おまえたち、まだ生きていたのか」と思って、うれしかったなあ。

ほおずき　鬼灯　酸漿

ナス科　***Physalis*** 属

Physalis alkekengi 種の変種

英名　**Chinese lantern plant**

原産地　東南アジア

日本への伝来　不明

開花時期（日本）
7月～8月（果実）

花言葉
偽り、ごまかし、
私を誘ってください、など。

実を眺めて楽しむほおずき

ほおずきの花

ほおずきの実
ほおずきの実の外側の皮のようなところは、花のつぼみを包む「萼」というもの。本当の実は、萼の中にある、トマトを小さくしたような丸いもの。その実を、ナイフで半分に切ると、中はトマトにそっくりだ。

ほおずきいろいろ

このページまで左側のページの大きい絵は、全部花の絵だった。でも、ここの左側の絵は、花ではなく、ほおずきの実だよ。花は上の絵のような目立たない白い花で、これがほおずきの花だとは知らない人も多い。これとは別に、「花ほおずき」という種類もある。そっちの花は美しい青むらさきで、花を眺めて楽しむんだ。それから、「フルーツほおずき」といって、食べられるほおずきもある。その花は、黄色い花の中心に黒い模様がある花だ。実はいちごのように甘ずっぱくておいしいので、山形県の上山市では、ストローベリートマトという名前で売っているよ。ほおずきはナス科の植物で、トマトの親戚だから、そんな名前にしたそうだ。食べられる種類は、北海道や秋田県などでも栽培している。ほおずきにもいろいろあるんだ。

毎年7月9日と10日に、東京都の浅草にある浅草寺というお寺で、ほおずき市が開かれる。江戸時代の末にはじまった習わしで、浅草寺の参道に鉢植えのほおずきを売る露店がたくさん並ぶんだ。お寺にお参りした人が帰りにそれを買って、眺めて楽しんだり、実の中の赤い丸いもの（じつはこれが本当の実）で遊ぶんだ。丸い実のつけ根に穴を開け、皮が破れないように注意して中の種を出す。袋のようになった皮を口に入れ、舌で押すと、ギュッ、ギュッというおもしろい音で鳴るんだ。ぼくも子どものころ、よくそうして遊んだものだ。この本を作った出版社で編集の仕事をしている二畠さんに、この絵を見せたら、「なつかしいなあ」といってしばらくじっと眺めていた。ということは、二畠さんも、子どものころ、ほおずきを鳴らして遊んだんだよ、きっと。でも、今ではそうして遊んでいる子どもを、めったに見なくなった。

げんげ　紫雲英

マメ科　マメ亜科　***Astragalus*** 属
Astragalus sinicus 種
英名　**Chinese milk vetch**

「げんげ」か「れんげ」か

さて、ここからは野山や道ばたに咲く花だ。花壇の花と同じように、すてきな花があるよ。

このページのタイトルを見て、「これ、ちがうじゃないか」と思う人がいるかもしれない。「れんげ」が正しいと、ぼくも思っていた。ところが、「れんげ」を漢字で書くと、「蓮華」つまり、はすの花だ。あの野菜のれんこんの花だよ。じつはね、昔、げんげの花がはすの花に似ているので、「れんげ草」、つまりはすの花に草をつけて、「はすの花のような草」と呼ぶようになった。それが、いつのまにか「草」がとれて、「れんげ」になったそうだよ。でも、げんげの花とはすの花をくらべて見ると、それほど似ているとは思えないけどなあ。

一方、「げんげ」のほうは、名前の由来はわからないけれど、正式の和名だ。分類学上の、日本語の分類名にもなっている。小学校の教科書にも、れんげではなく、げんげと書いてあるそうだ。でも、世間では、れんげと呼ぶ人もたくさんいる。『春の小川』という、昔の有名な小学校唱歌にも出てくるけれど、「げんげ」ではなく、「れんげ」で出てくるんだ。ちなみに英語名は、「中国のミルクのからすのえんどう」というんだ。どうも意味がよくわからない。

れんげ（蓮華＝はすの花）
はすの花の話は、
『野菜のかたち』にある。

げんげの実と種

原産地　中国
日本への伝来　不明
かなり古い時代に中国から
開花時期（日本）
４月～５月
花言葉
あなたといっしょなら苦痛がやわらぐ、心が安らぐ、など。

げんげ畑

ぼくが子どものころは、春になると、秋に稲刈りをしていた近くの田んぼが、どの田んぼも一面にげんげ色に染まって、すばらしい景色に変わったものだ。青々とした夏の田んぼも美しいけれど、げんげ畑も美しいよ。あとで聞いてわかったんだけど、自然にそうなるのではなく、稲を刈る前にげんげの種をまくんだ。昔はそれぞれの農家で今のトラクターの役目をする牛を飼っていたから、そのえさにするためでもあった。それに、げんげの根に住んでいる根粒菌というものは、植物の肥料になる空気中の窒素を取り込む能力がある。だから田植えをする前にげんげの根を稲の根といっしょにすき込むと、いい肥料になる。昔の人は、そうやって自然を利用してお米を作っていたんだ。今では化学肥料が普及して、げんげの種をまく農家は本当に少なくなった。美しいげんげ畑は、最近は見ようと思ってもなかなか見られない。

げんげ畑には、もう１つ、大事な役目があった。上等のはちみつがとれたんだ。みつばちを飼ってはちみつを集める人たちのことを、「養蜂家」という。春になると、養蜂家の人たちはトラックにみつばちの巣箱を積んで、げんげの花を求めて日本中を旅をしてまわったんだ。

それから、女の子たちは、げんげ畑で花を茎ごとつんで、それを束ねるようにして編んで、花のかんむりや首飾りを作って遊んでいたよ。ぼくたち男の子は、そんなことはしなかったけれど、それでもよく遊びに行った。げんげ畑は、あばれまわってもしかられないからさ。

たんぽぽ　蒲公英　鼓草

キク科　タンポポ亜科　*Taraxacum* 属

Taraxacum officinale 種（西洋たんぽぽ）など

英名　**Dandelion**

西洋たんぽぽ
たんぽぽの葉は
食べられる。

原産地　ヨーロッパ
日本への伝来　不明
日本たんぽぽは、10世紀の本にすでに出てくる。西洋たんぽぽは、江戸時代にヨーロッパから伝わったといわれる。
開花時期（日本）
3月～5月
花言葉
神のお告げ、誠実、幸せ、別離、など。

たんぽぽは2種類ある

たんぽぽは、大きく分けて2種類ある。日本たんぽぽと西洋たんぽぽの2種類だ。日本たんぽぽは、昔から日本にあった種類で、多くの種がある。「しろばなたんぽぽ」といって、花が白い種もあるんだ。西洋たんぽぽは、近世に外国から伝わった種類で、これも多くの種がある。両方のちがいは、日本たんぽぽは、花のつけ根にある総苞という緑色のものが上向きで、西洋たんぽぽは、総苞が下向きにそり返っている。日本たんぽぽは西洋たんぽぽに押されて少なくなったといわれるけれど、実際はそうでもないよ。市街地では西洋たんぽぽが優勢だけど、野山ではいまだに日本たんぽぽが多いんだ。

総苞
右が日本たんぽぽ。
左が西洋たんぽぽ。

たんぽぽの種

たんぽぽの水車（作りかたは下にある）
竹ぐしなどを通して、水の流れに半分つけると、水車のようによくまわるよ。

たんぽぽはたいこの音

たんぽぽの英語名のダンデライオン（Dandelion）は、フランス語の、ダン・ドゥ・リオン（Dent de lion）を、そのまま英語にした名前だ。これは「ライオンの歯」という意味だよ。葉っぱにライオンの歯のようなするどいぎざぎざがあるからだ。でも、フランスでは、今ではダン・ドゥ・リオンとはいわず、ピサンリ（Piss en lit）というそうだ。これは、日本語にすると「ベッドのおしっこ」という意味なんだ。笑うなよ。まじめな話だ。たんぽぽは、利尿作用がある成分を含むことがわかって、フランスでは今は薬草として使っているからだ。

江戸時代、たんぽぽは「鼓草」と呼ばれていた。そのころは、小つづみ（小さいたいこ）のことを、子ども言葉で「たんぽぽ」と呼んでいた。小つづみは、「タン、ポポン」という音がするからだ。「鼓草」は、いつかその小つづみの子ども言葉の「たんぽぽ」に変わったんだ。

子ども言葉が草の名前になっている例は、ほかにもあるんだ。「えのころぐさ」という草があるけれど、あれは、もともとは「犬っころ草」だったそうだ。たぶん、犬っころのしっぽに似ているから、犬っころ草になったのだろう。じつはね、えのころぐさは、「ねこじゃらし」のことなんだ。花の穂を引き抜いてねこをじゃらして遊ぶ、あの草だよ。

野の草の中には、子どもがおもちゃにして遊べる草が多いよ。ねこじゃらしもそうだけど、たんぽぽも遊べるよ。茎を 10 センチほど切り取って両はしに切れ目を入れ、それを水につけて「まんごまんごまがれ」とおまじないをとなえると、上の絵のようなおもしろいかたちになる。こんどたんぽぽを見つけたら、やってみるといい。その「まんご」も、たんぽぽの別名だよ。

ひがんばな

彼岸花　曼珠沙華

ヒガンバナ科　***Lycoris*** 属

Lycoris radiata 種

英名　**Red spider lily**

おかしな花

彼岸花はおかしな植物だ。９月の中ごろになると、何もない地表からいきなり花の茎だけが出てきて、絵のような赤い花を咲かせるんだ。花が終わったあとに、ようやく右の絵のような葉が出てくる。長さが50センチほどの細長い葉は、冬中青々としていて、春になると枯れる。秋の彼岸（秋分を中心とした７日間）のころ花が咲くので、彼岸花という名前になったんだ。

彼岸花は、大昔に稲と共に中国から伝わったと考えられているんだ。花や葉や球根には毒があるので、作物を荒らすねずみやもぐらを防ぐために、畑の周囲に植えたと考えられている。昔からある古い墓地に彼岸花が多いのも、お墓を守るために人が植えたらしいんだ。なぜなら日本の彼岸花は種ができない。日本中の彼岸花は、同じ球根から増えた「クローン」なんだ。だから人が植えないと、ほかの植物のように種で自然に増えるはずがないんだ。

米が不作で、食べ物がなくて困ったときに食べるために植えたという説もある。球根には毒があるけれど、でんぷんという栄養をたくさん含んでいる。だから長時間水にさらして毒をよく洗い流すと、非常食として食べられるんだ。でも、危ないからまねをしたらだめだよ。

原産地　不明

日本への伝来　縄文時代から弥生時代にかけて、中国から

開花時期（日本）
９月中旬～10月初旬

花言葉
悲しき思い出、情熱、あなたに一途、など。

彼岸花の葉

思い出の彼岸花

彼岸花には、花言葉通りの思い出がある。第二次世界大戦（1939～1945 年）のときの話だ。1945 年の夏、ぼくが住んでいた町が、アメリカの爆撃機の空襲を受け、強力な爆弾をたくさん落とされた。家々はすべて破壊され、爆弾が直接落ちた家は跡形もなく、大きなすり鉢のような穴が残っていた。ぼくの家は直撃は免れたけれど、爆風で完全につぶれ、ぼくは母親と２人で生埋めになった。父親は軍需工場で働いていて留守だった。倒れた柱や壁のあいだにはさまれて２人とも身動きができない。母親が大声で助けを呼んでいた。やがて人声が聞こえて、近所の中学生が掘り出してくれた。ようやく外に出ると、先ほどまでいっしょに遊んでいた仲の良い友だちが、道路で死んでいた。ほかにも死体があちこちにころがっていた。確認できただけで 644 人が亡くなったそうだ[注]。そのときのけがのあとは、今もぼくの左腕に大きく残っている。

ぼくは覚えていないけれど、母親の話では、ぼくは何かの下敷きになって血を流しながらも泣かなかったそうだ。「天皇陛下ばんざい。大きくなったら兵隊さんになって、アメリカ人を皆殺しにしてやる」と叫んだそうだ。当時の社会全体が、８歳の子どもにそういわせたんだ。

その年の８月 15 日に、戦争は終わった。９月になると、爆風で作物が吹き飛ばされてはだかになった畑のあぜや土手に、彼岸花がおどろくほどたくさん咲いた。その血のような色を、今も忘れることができない。また、食べ物がなくて、大人たちが掘り出して長い時間水にさらして毒を抜いた彼岸花の球根を食べたときの、あの苦い味を、忘れることができない。

でも、ぼくは今ではアメリカ人を憎んではいない。戦争をはじめた人たちにだまされていたことがわかって、戦争そのものを憎むようになったんだ。どんな理由であれ、戦争は、絶対にしてはならない。戦争をしたがる人たちに、だまされてはならない。約束してほしい。

注：総務省「国内各都市の戦災の状況→明石市における戦災の状況（兵庫県）、1945 年６月９日」による。ほかに行方不明者多数。

なずな（ぺんぺんぐさ）　薺　三味線草

アブラナ科　*Capsella* 属　*Capsella bursa-pastoris* 種

英名　**Shepherd's purse**

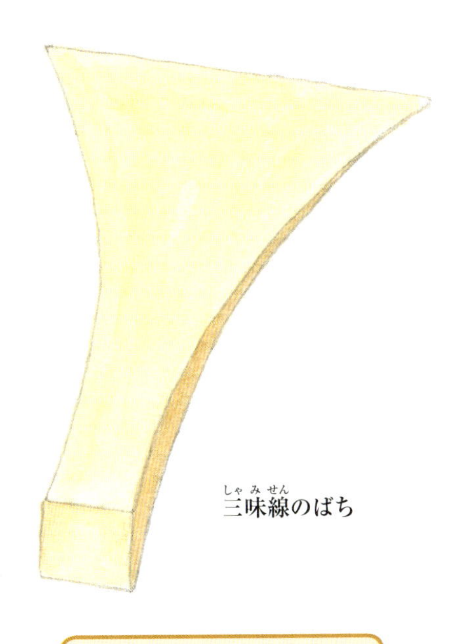

三味線のばち

なずなのさやと種

原産地　東ヨーロッパ
西アジア

日本への伝来　不明

開花時期（日本）
2月～6月

花言葉
すべてを捧げます、
君を忘れない。

ぺんぺん物語

なずなは、別名を「ぺんぺん草」とも、「三味線草」ともいうんだ。なぜかというと、種を包むさやのかたちが、三味線を鳴らすときに使う「ばち」に似ているからだ。「ぺんぺん」は三味線の音を表すきまり言葉なんだよ。それから、種がついた茎をつみ取って、種を少しだけ引っぱって、茎にぶらぶらとぶらさがるようにして、耳もとで振ると、からからと小さな音が聞こえるよ。子どものころ、学校帰りに、よくそうして遊んだものだ。「でんでんだいこ」という、じくを持ってくるくるまわすと、「テンテン」という音で鳴るおもちゃがあるけれど、ぺんぺん草の鳴らしかたは、あれに似ている。きみたちもやってみるといい。おもしろいよ。

なずなは、道ばたや畑のあぜ道、空地など、どこにでも生えている。ふつうの草は生えないような荒れ地にも生えてくるので、「雑草の代表」という人もいる。でも、ぼくは雑草という言葉がきらいだ。雑草とは、人間が自分たちの役に立たないから勝手にそういうのであって、草にいわせれば、いわれのない差別だ。雑草であろうとなかろうと、懸命に生きていることにかけては、みんな同じだ。それにだ、なずなは役に立たない草の代表だというけれど、本当はそうではない。食べられるんだよ。七草がゆといって、1月7日に7種類の草を入れたおかゆを食べる、昔からの風習がある。七草とは、せり、**なずな**、ごぎょう、はこべら、ほとけのざ、すずな、すずしろの7種類だ。はこべらははこべ、すずなはかぶ、すずしろは大根のことだ。また、なずなは薬草としても使われているんだ。だから雑草だなんていわないでほしいなあ。

クローバー（しろつめぐさ）　白詰草

マメ科　マメ亜科　***Trifolium*** 属
Trifolium repens 種
英名　**White clover**

四つ葉どころか五十六葉

クローバーは、和名を「しろつめぐさ」というんだ。げんげ（62ページ）と同じ、豆の仲間だよ。花も、色はちがうけれど、かたちはげんげの花によく似ている。だからクローバーも、げんげと同じように家畜のえさになるし、根を畑にすき込むと、いい肥料になるんだ。

クローバーといえば、四つ葉のクローバーをさがしたことがあるだろう。もし見つけたら、きっといいことがあるにちがいないと、押し葉にして大事に持っていたものだ。この四つ葉のクローバーにまつわる、おもしろい話があるんだ。

岩手県花巻市の農家、小原繁男さんは、なんと五十六葉のクローバーを見つけたんだ。いや、見つけたというよりも、自分で作ったんだ。葉が4枚以上のクローバーは、突然変異、つまり偶然できると考えられてきて、その性質が代々遺伝するとはだれも思っていなかった。でも、小原さんはその性質が遺伝するにちがいないから、交配をくりかえせば四つ葉のクローバーが

五十六葉のクローバー
葉っぱを全部数えるのに、苦労したそうだ。葉っぱ1枚ごとに、数字を書いた小さなラベルを貼っていって数えたそうだよ。

ふつうのクローバー

原産地　ヨーロッパ
日本への伝来　1846年
ヨーロッパから牧草として導入された。
開花時期（日本）
4月～12月
花言葉
約束、私を思って、復讐。
(四つ葉)
私のものになってください、幸福。

たくさんできる品種が作れると考えた。そこで自分の畑にクローバーの種をまいて、四つ葉のクローバーをさがしてまわった。2つ見つけるとその株の花同士を交配して種を作り、それをまいて育てた株の中から四つ葉の出る株をさがし、また交配してその種をまくということを、60年近くもくりかえして、2002年に、ついに十八葉のクローバーを作ることに成功したんだ。さらに2009年に三十三葉に続いて五十六葉のクローバーを見つけたんだ。小原さんはそれを「世界で最も葉の多いクローバー」として、あの世界一の物事を集めて紹介しているギネスブックに申請したんだ。もちろん認められたけれど、残念ながら、小原さんは認定書を受け取る直前、85歳で亡くなったんだ。認定書は息子さんが受け取って、墓前に供えたそうだよ。小原さんは多葉クローバーの研究で、1981年に北海道大学から農学博士号を授与されているんだ。世の中にはすごい人がいるね。だって、一生を多葉クローバーの研究と品種開発にささげたんだよ。

つゆくさ　露草

ツユクサ科　***Commelina*** 属　***Commelina communis*** 種（つゆくさ）
Tradescantia 属　***ohiensis*** 種（むらさきつゆくさ）
英名　**Asiatic dayflower**、**Spiderworts**

つゆ草の花のしくみ

　つゆ草の花びらは３枚ある。青くてよく目立つ花びらが２枚、白くてよく見えない花びらが１枚の、合計３枚だ。鳥のくちばしのようなかたちの緑色のものは「花托」といって、花全体を支えるための構造体だ。長くのびた白いひもは、２本がおしべで、まん中の１本がめしべだ。青い花びらのすぐ下にある３本は、花粉を出さないおしべで、その手前に突き出した大きい１本は、花粉を少しだけ出すおしべだ。つまり小さな昆虫がどこにとまっても、花粉が虫の体につくようになっている。昆虫を誘う甘いみつが、青い花びらのつけ根に、ちゃんと用意してあるんだ。

　同じツユクサ科の仲間に「むらさきつゆ草」という草がある。花のかたちも、葉のかたちも、ふつうのつゆ草とはぜんぜんちがうよ。右のページの絵がそうだ。

原産地　北アメリカから熱帯アメリカ
日本への伝来　不明
開花時期（日本）
６月～９月
花言葉
なつかしい関係。

むらさきつゆ草

雑草ってなんだ

ぺんぺん草のところ（69ページ）で、雑草という言葉がきらいだという話をした。つゆ草も雑草の代表のようにいわれることがある。「雑草」っていったい何だろう。少し調べてみた。

世界には「雑草学会」というれっきとした学会があって、大学のえらい先生たちが、雑草の研究をして、論文を発表している。日本にも日本雑草学会があるんだ。雑草の定義もいろいろあって、中にはおおげさで笑ってしまうのもある。アメリカ雑草学会の雑草の定義は、「人類の活動と幸福、繁栄に対して、これに反逆したり、これを妨害するすべての植物」だってさ。まるでテロ集団だ。雑草ってそんなに悪いやつかなあ。

じつは、雑草といわれる植物の多くは、とてもかしこい。「いぬびえ」という草は、動物の「擬態」のような能力を持っている。農夫でも見分けるのが難しいほど、稲によく似ていて、田んぼで稲に混ざって育ち、稲刈りの寸前に小さな種をあたり一面にばらまく。つぎの年には田植えのころに発芽して、稲の苗にまぎれて大きくなるんだ。草の中には、種が一度に全部は発芽せず、種の一部が休眠する草がある。これは、発芽して万一人間に駆除されても、残しておいた種が新しく芽を出せるからだ。種と地下茎の両方を使って増えていく草もある。条件のいい場所では1メートル以上になるのに、踏まれるような場所では、数センチで花を咲かせて種を作る草もある。雑草はみんな、人間を相手に、しぶとく生きる知恵を持っているんだ。

つゆ草も、かよわい草に見えるけれど、じつは、強い草なんだ。茎がふつうの草のように立ち上がらず、横にのびる性質をもっている。だから、踏みつけられても平気だし、芝生のように自分で条件のいい場所をさがせる。いい場所が見つかると、昆虫に受粉を助けてもらうために茎が立ち上がって、花を咲かせる。種は、条件が悪いときには発芽せず、土の中で眠ったまま20年以上も生きていることができる。じつにかしこくできているんだ。

きみたちも、校庭の片すみや道ばたなどに生えている草を、よく観察してみるといいんだ。小さいけれどきれいな花を咲かせるし、その生きざまが見事だから、きっと好きになるよ。

ふきのとう（ふき）　蕗の薹

キク科　***Petasites*** 属　***Petasites japonicus*** 種（ふき）

英名　**Fuki、Giant butterbur**

ふきのとうは、ふきの花

ふきのとうは、「ふき」つまり葉のじくを煮物やつくだににして食べるとおいしい野菜の、花の部分のことだよ。畑のキャベツや白菜などのまん中から、花の茎が出てきて、葉がかたくなって食べられなくなることを、「とうが立つ」というんだけど、ふきのとうの「とう」は、そのとうなんだ。ところが、ふきのとうの場合は、食べられる葉の部分の新芽が地上に現れる前に、先に花芽が出てくる。葉は花が咲き終わったころに、あとから出てくるんだ。だから、白菜などが「とうが立つ」のとは、ちょっと意味がちがうんだ。上の絵の、花の下の緑色のものは、本当のふきの葉ではない。花のつぼみを包む「苞」という部分が、葉のように見えるだけだ。それから、絵のまん中のように大きく育った花は、食べるのには遅すぎる。絵の左側ぐらいのつぼみが、いちばんおいしいんだ。見つけるのがたいへんだけどね。

ふきの本当の葉と種穂

原産地　日本
日本への伝来　古来から日本に自生していた
開花時期（日本）３月～５月
花言葉
待望、愛嬌、仲間、など。

くまが食べるふきのとう

ふきのとうは、春一番に出てくるので、春を呼ぶ山菜として、とても人気があるんだ。春の絵の画題としても、よく使われる。雪がまだ残っている地面からも、雪を押しのけて出てくることがある。てんぷらや、ふきみそにして食べると、とてもおいしいよ。冬のあいだ山で冬眠していた熊が、穴から出てきて、まず食べるのが、ふきのとうだそうだ。ほかにはまだ新緑が出ていないからだ。でも、人間とちがって生で食べるんだから、苦いと思うんだけどなあ。

花が終わるころには、上の絵のように花茎が長くのびて、種ができる。ふきの種は、まるでたんぽぽの種みたいだよ。もちろん、風に乗って飛んでいって、どこかで子孫を増やすんだ。そのころには、花が咲いていた近くの地面から、上の絵のような本当のふきの葉が、たくさん出てくる。やがてあたりがふきの葉でおおわれるんだ。大人の背丈より高くなることもあるよ。

あざみ　薊

キク科　アザミ亜科　***Cirsium*** 属

Cirsium japonicum 種

英名　**Thistle**

あざみの花も頭状花序

あざみもキク科の植物だよ。だからあざみの花は、ガーベラのところ（27ページ）で話した頭状花序という構造の花だ。頭状花序は、まわりの舌状花と、まん中の筒状花でできていると話したよね。ガーベラの場合は、まわりの花びらが舌状花だ。でも、あざみの花は、まわりの舌状花がない。筒状花だけでできているんだ。だからガーベラとちがい、筒状花があざやかな色になって、昆虫を呼び寄せる役目をしている。虫めがねでよく観察すると、おもしろいよ。

あざみの種とわた毛

原産地　北半球
日本への伝来　不明
開花時期（日本）
5月〜11月
花言葉
独立、厳格、安心、高潔、など。

痛い草の話

あざみは、さわると痛い草の代表なんだ。葉や茎にはするどいとげがたくさんついていて、花がきれいだからと思って、つみ取ろうとすると、ひどい目にあうんだ。もちろん、草食動物などの外敵から自分を守るために、するどいとげを進化させたんだ。大自然の知恵さ。だから牧草を栽培して、牛や馬などのえさにしている農家では、あざみが牧草に混ざって生えると、とても困るのだそうだ。ところが、そのあざみを好んで食べる動物がいるんだ。人間だよ。

東北地方や長野県などでは、春先にスーパーへ行くと、あざみの若芽を売っているそうだ。おみそ汁に入れたり、てんぷらにして食べるんだ。春先の山菜の１つとして、けっこう人気があるそうだ。「もりあざみ」という種類のあざみの根も、食べられるよ。もとは山菜だけど、それを栽培して、「山ごぼう」とか「菊ごぼう」という商品名で売っている地方がある。

あざみは、スコットランドという、イギリスの一部の地方の国花なんだ。イギリスの国花はばら（92ページ）じゃないのか、だって？　それがややこしいんだ。イギリス全体では、ばらだけど、イギリスは連合王国といって、４つの地方自治体（カウンティ）が集まった国だ。イングランド、スコットランド、ウェールズ、北アイルランド、の４つだ。カウンティは、一国のような独立性がある。だから、ばらとは別に、それぞれのカウンティが国花を持って[注]いるんだよ。スコットランドでは、あざみがその痛いとげで外敵から国を守ってくれていると信じられていて、だからあざみを国花に決めたんだ。ちなみに、スコットランドは、1707年にイングランドと合併したけれど、それ以来２つのカウンティは決して仲が良いとはいえず、2014年９月に、ついにスコットランドで連合王国からの独立を問う国民投票が行われたんだ。結果は独立しないことに決まったんだけど、日本でも大きなニュースになった。そのときに、スコットランドの街の建物などに描いてある、あざみの紋章を、テレビで見たんだ。しゃれたデザインの紋章があったよ。お父さんやお母さんに聞いたら、覚えているかもしれない。

注：イングランド＝テューダーローズ、ウェールズ＝ラッパ水仙、北アイルランド＝シャムロック。

どくだみ　十薬　魚腥草　地獄蕎麦　入道草

ドクダミ科　***Houttuynia*** 属　***Houttuynia cordata*** 種

英名　**Fish mint、Cameleon plant**
Lizard tail、Heart leaf
Bishop's weed　など

どくだみの花

どくだみの花の黄色い部分は、小さな花がたくさん集まった、穂状花序（27ページ）なんだ。花びらのように見える4枚の白いものは、本当の花びらではなく、穂状花序を包む「総苞」というものなんだ。

どくだみ
原産地 日本、台湾
中国、東南アジア
日本への伝来 古来から
日本にあった
開花時期（日本）
５月～６月
花言葉
白い記憶、野生。

「カメレオン」という栽培品種

どくだみは役に立つ

どくだみは、日かげでしめり気のある場所に生えている、日本中どこにでもある強い草だ。とても生命力がある草なので、放っておくと、どんどん増える。独特のにおいもきついので、きらわれることが多いんだ。でも、本当は役に立つ植物だよ。

どくだみの別名の中に、「十薬」という名前がある。これは漢方薬の名前なんだ。つまり、どくだみは、中国で昔から薬として使われてきたんだ。日本でも、葉を干したものを漢方薬として売っているよ。抗菌効果や、利尿効果などがあるそうだ。「日本薬局方」という医薬品に関する品質規格でも、どくだみに含まれる成分は、正式の医薬品として認められているんだ。

属名のホウテュィニアは、「自然誌」という博物学の書物の中で、どくだみをくわしく紹介したオランダ人医師、マールテン・ハウトインにちなんでつけだんだ。種名のコルダータは、ラテン語で「心臓のかたちの」という意味だ。葉がハート形（心臓のかたち）だからだよ。

どくだみは、英語名がおもしろい。タイトルの下の英名のところに書いたように、たくさんあるんだ。まず、フィッシュ・ミントは、どくだみのにおいからついた名前で、魚のはっかという意味なんだ。アメリカ人やヨーロッパ人は、どくだみのにおいは、魚のようなにおいだと思っているんだ。欧米には魚のにおいがきらいな人が多いから、こんな名前になったそうだ。つぎにカメレオン・プラントは、カメレオンの植物という意味だ。これはどくだみの栽培品種にカメレオンという品種があって、葉がカメレオンのように様々な色になるからだ。上の絵がそうだ。観葉植物として育てている人がたくさんいる。それから、ハート・リーフは、英語で心臓の葉という意味で、葉っぱがハート（心臓）のかたちによく似ているからつけた名前だ。つぎのリザード・テイルは、とかげのしっぽという意味だけど、なぜとかげのしっぽなのかはわからない。最後のビショップス・ウィードは、司祭（お坊さん）の雑草という意味だけど、セリ科にも同じ名前の草があるんだよ。

せいたかあわだちそう

背高泡立草

キク科　*Solidago* 属

Solidago canadensis 種

英名　**Canadian goldenrod**

わた毛の状態の種

原産地	北アメリカ
日本への伝来	明治時代末、アメリカから園芸用に輸入した。
開花時期（日本）	9月～11月
花言葉	元気、生命力、など。

ぬれぎぬを着せられた草

せいたかあわだち草は、かわいそうな植物だ。一時は、その花粉がぜんそくや花粉症という病気の原因になると考えられ、ひどくきらわれて、日本中でその刈り取りや薬品による駆除が行われてきたからだ。でも、これはぬれぎぬだ。この植物は、花粉が風に乗って飛んでいって受粉するのではなく、昆虫が受粉を助ける。だから花粉はあまりたくさんできないし、昆虫の体につくように少しねばりけがあるんだ。だから風に乗って飛んでいくことはほどんどない。せいたかあわだち草にとっては、身に覚えのない、人間の病気の犯人にされて、とんでもない災難だったんだよ。もう1つ、せいたかあわだち草は、根から周囲の植物の成長を妨げたり、もぐらなどの動物を追い払ったりする、化学物質を出す。アレロパシーといって、生存競争に勝つための戦術だ。ところが、長い年月、同じ場所に集まっていると、自分たちが出した毒に自分たちがやられる。最近、せいたかあわだち草の大群落が少なくなったのと、「せいたか」ではなくなってきたのは、人間が駆除したせいでもあるけれど、このアレロパシーのせいでもあるんだ。でもね、いまだに勢いよく育って、人間を困らせているところもあるよ。

ぼくが住んでいる町内に、まだ家が建っていない空地がある。昔はその空地に、背丈の高いせいたかあわだち草がたくさん茂っていた。でも今は1本もない。町内の人たちが集まって、刈り取ったり、除草剤をまいて、徹底的に駆除したからだよ。でも、ぺんぺん草やつゆ草や、ねこじゃらしは、今でもたくさん生えている。だからぼくの大好きな空地なんだ。そのうち、そこにせいたかあわだち草がまた生えてくることを願っている。だってせいたかあわだち草は、もともとは眺めて楽しむためにアメリカから輸入した、れっきとした園芸用の植物だよ。

すすき　薄　芒　尾花

イネ科　*Miscanthus* 属　*Miscanthus sinensis* 種

英名　**Chinese silvergrass**、**Eulalia grass**

Zebra grass など

原産地　中国を含む、東アジアと考えられている。

日本への伝来　不明

開花時期（日本）
８月～10月

花言葉
活力、精力、隠退、など。

ゆうれいの 正体見たり 枯れ尾花

すすきは、日本中の山野ばかりか、住宅地などにも生えている、ありふれた草だ。左の絵がすすきの花で、絵のように咲きはじめはかなり赤味をおびている。右の絵は、花が終わって、わた毛のついた種がたくさんできたところだ。種はこれから風に乗って、遠くへ飛んでいく。

こういうのを枯れすすきとか、枯れ尾花というんだ。タイトルの俳句は、横井也有という江戸時代の俳人が作った俳句の注、変え句だよ。お化けだと思ってよく見たら、枯れすすきだった、という意味だ。絵のほうは、近くの山へ行って、写生をしてきた絵だ。

ぼくは花びんに活けた花を描くのは、好きではない。なぜなら、どれほど美しく見えても、花壇や野山に生えている花とは、生命感、つまり、生きている「感じ」がちがうからだ。

植物を描くときは、その生きている姿、生命の力強さを絵にしたいと、いつも思っている。でもそれが難しくて、なかなかうまくいかないんだ。目でよく観察してその通りに描いても、それが表現できるとは限らない。なぜなら、いのちの美しさは、目で見るというよりも、心で見るものだからだ。心で見たことを絵で表現しろといわれると、本当に難しい。どう描いたらいいのか、わからないんだ。でも、この２点のすすきの絵は、心で見たことが、少しは描けたのではないかと思う。山で心地よい風に吹かれながら、気持ちを込めて写生をした絵だからだ。

注：横井也有（1702～1783年）が作ったもとの句は、「化け物の 正体見たり 枯れ尾花」。

すいれん　睡蓮　未草

スイレン科　*Nymphaea* 属　*Nymphaea tetragona* 種など

英名　**Water lily**

「ひつじぐさ」とも呼ばれる、花が白いすいれん

原産地 世界の熱帯から温帯地域

日本への伝来 不明

開花時期（日本）
5月～10月

花言葉
清純な心、など。

水辺に生きる仲間たち

水生植物の話を少ししよう。水生植物とは、文字通り水の中や水のそばで生きている植物のことだ。こんぶなど海の中で育つ植物は、海草（海藻）といって、水生植物とは分けて考えることになっている。水生植物は、主に淡水（川や池など）に生える植物のことをいうんだ。

水生植物には5種類ある。まず、根はもちろん、葉も完全に水の中にある植物を、沈水性植物という。この仲間は多くない。金魚や熱帯魚を飼う水槽に入れるような水草が、この仲間だよ。中には花が咲くときだけ水上に茎を出し、空中で花が咲く種類もある。つぎに、浮葉性植物といって、根は水中の泥の中にあり、葉は水面に浮いている植物がある。すいれんはこの仲間だ。それから、根が水底に届かず、葉や花といっしょに水面をただよっている植物を、浮遊性植物という。ほていそうなどがこの仲間だよ。それから、すいれんによく似た植物に、はすがあるけれど、はすのように葉や花が水面より上の空中までのびる植物を、抽水性植物というんだ。いね、よし、がま、しょうぶなどが、この仲間に入る。また、水の中ではなくて、水辺の湿った土に生えている植物を湿地性植物というんだ。この仲間は陸上のふつうの植物とほとんどかわらず、たくさんある。この本の中では、86ページのさぎそうがそうだよ。

話はかわるけれど、昔から日本にある花が白いすいれんを、「ひつじぐさ」ともいうんだ。なぜかというと、昔の人は、すいれんは午後2時ごろに花が咲くと思っていた。当時は時間を十二支で数えていた。午後2時は、「未の刻」、つまり、ひつじの時間に当たるんだ。だから「ひつじぐさ」にしたんだよ。実際は、すいれんの花は朝から晩まで咲いているのにね。

ところで、すいれんと聞くと思い出すのが、画家のクロード・モネ（1840～1926年）だ。ルノアールやセザンヌなどと共に、印象派の中核だったフランスの巨匠で、晩年にすいれんの絵を200点以上も描いたんだ。ぼくが尊敬している画家の1人で、画集もたくさん持っている。そのモネのすいれんのまねをして、何枚か描いてみたけれど、やっぱりだめだ。モネの足もとにもおよばない。あたりまえだけどね。モネのように、心で見たことを描こうとしても、ぜんぜんできないんだ。自分がどれほど絵が下手か、わかっただけだ。

きみたちも、だれかが描いた絵を見たら、この人はこの絵を描くとき、心で何を見ていたのだろうと、つまり、何を感じてこの絵を描いたのだろうと想像しながら見ると、絵がちがって見えるよ。その絵の世間での評判や、技術が上手か下手かなどに惑わされず、その画家が何を伝えたくてその絵を描いたのか、つまり、画家の気持ちを自分なりに想像しながら見るんだ。すると今まで見えなかった何かが見えてくる。絵を見るのが、もっとおもしろくなるよ。

さぎそう　鷺草

ラン科　*Pecteilis* 属　*Pecteilis radiata* 種

英名　**White egret flower**

Fringed orchid

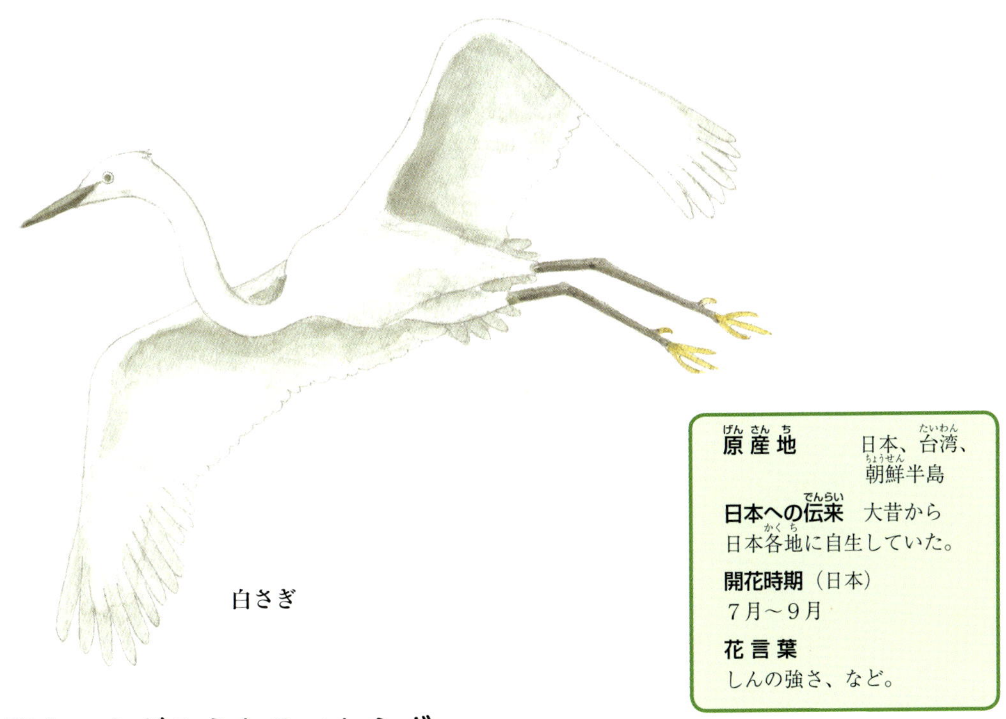

白さぎ

原産地　日本、台湾、朝鮮半島

日本への伝来　大昔から日本各地に自生していた。

開花時期（日本）
7月〜9月

花言葉
しんの強さ、など。

野山のさぎそうとるべからず

さぎそうは、らん（38ページ）の仲間なんだ。すいれんのところ（85ページ）で話した分けかたでいうと、湿地性植物だ。つまり、すいれんのように根が完全に水中にあるのではない。湿った土地に育つ植物で、湿地ではない植木鉢でも、育てることができる。

それにしても、左の絵を見ると、さぎそうって本当に鳥の白さぎによく似ているね。まるで大空を飛んでいる２羽の白さぎのようだ。それから、花の下に、黄緑色の豆のさやのような、へんなものがぶらさがっているだろう。これは「距」というもので、先のふくらんだところにみつがたまるようになっている。みつに誘われて飛んできたみつばちなどの昆虫が、体に花粉をつけてほかのさぎそうの花まで飛んでいく。昆虫は自分では知らないうちに、さぎそうの受粉の手助けをしているんだ。さぎの尾羽にあたるところに見える黄色いものが、おしべだよ。

さぎそうは、もともとは日本や台湾、朝鮮半島の平地の湿地帯に自生していた植物で、日本では、本州、四国、九州の山野に広く分布していたんだ。でも今は、自生地が少なくなって、ほとんどの府や県で絶滅危惧種、つまり、絶滅が心配されている生物に指定されているんだ。東京都、福井県、徳島県、高知県では、すでに絶滅したといわれている。なぜそんなに少なくなったかというと、未開発の湿地帯が少なくなったせいでもあるけれど、山野草としてとても人気があるので、盗掘する人が絶えないからなんだ。さぎそうは、花が咲いているときはよく目立つから、見つけやすい。でも花が咲いている時期は、移植がいちばん難しい時期なんだ。だから掘って持ち帰っても、ほとんど枯れてしまう。しかもさぎそうは特別高く売れる山野草ではない。鉢植えにしたさぎそうを、園芸店やインターネットなどで比較的安く買えるんだ。だから盗掘は絶対やめてほしいな。もちろん、園芸店などで売っているさぎそうは、だれかが盗掘してきたのではなくて、合法的に栽培して増やしたさぎそうだよ。

みずばしょう　水芭蕉

サトイモ科　*Lysichiton* 属　*Lysichiton camtschatcense* 種
英名　**Asian skunk cabbage**

水ばしょうの花
中心の黄色いところが肉穂花序（小さな花の集合体、27ページ）。白いところは、花びらではなく、肉穂花序を包む仏炎苞というもの。

スカンクのキャベツ

水ばしょうは、大昔から日本の山岳地帯の湿地に自生している草だ。きれいな水の流れと、豊かな自然環境がないと生きていけない植物で、家庭の花壇で育てるのはほとんど不可能だ。県によっては、絶滅危惧種に指定している県もある。道ばたの草とはわけがちがうんだ。

水ばしょうは、英語名がおもしろい。スカンク・キャベッジというんだ。つまりスカンクのキャベツだ。水ばしょうの1種のアメリカ水ばしょうは、花が黄色で、すごくくさいそうだ。右の絵がそうだ。スカンクという動物は、敵におそわれると恐ろしくくさいガスを発射する。アメリカ水ばしょうは、そのくさいにおいに似ているそうだよ。だからぜんぜんくさくない日本の水ばしょうのことまで、スカンク・キャベッジというんだ。とんだとばっちりだよね。

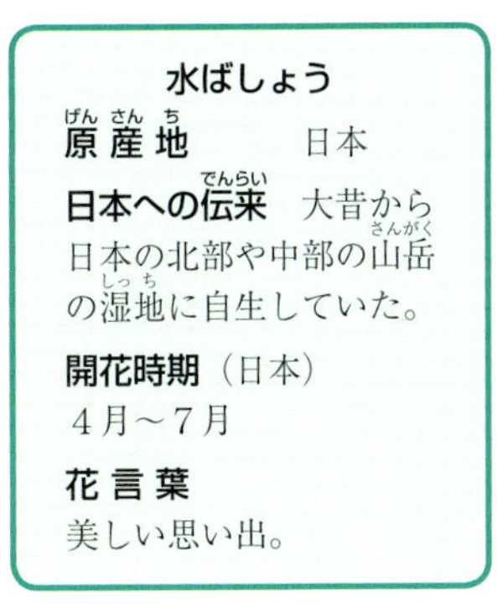

水ばしょう

原産地　日本

日本への伝来　大昔から日本の北部や中部の山岳の湿地に自生していた。

開花時期（日本）
4月～7月

花言葉
美しい思い出。

アメリカ水ばしょう
（ウエスタン・スカンク・キャベッジ
［Western skunk cabbage］）

歌になった水ばしょう

水ばしょうを歌った歌に、『夏の思い出』という歌がある。作詞者は詩人の江間章子という人で、作曲家の中田喜直という人が作曲して、1949年にＮＨＫのラジオ番組で発表された、有名な歌だ。山が好きな人なら、たぶん覚えていて、山を歩きながら歌ったことがあるかもしれない。

夏がくれば　思い出す　はるかな尾瀬　遠い空
霧のなかに　うかびくる　やさしい影　野の小径
水芭蕉の花が　咲いている　夢見て咲いている水のほとり
石楠花色に　たそがれる　はるかな尾瀬　遠い空

夏がくれば　思い出す　はるかな尾瀬　野の旅よ
花のなかに　そよそよと　ゆれゆれる　浮き島よ
水芭蕉の花が　匂っている　夢みて匂っている水のほとり
まなこつぶれば　なつかしい　はるかな尾瀬　遠い空

尾瀬とは、群馬県、福島県、新潟県にまたがる山の中にある、高原の広い湿地帯のことだ。国立公園になっていて、美しい高山植物がたくさん自生している。水ばしょうもその１つだ。きみたちの中で、尾瀬へ行ったことがある人はいるかな。残念ながらぼくは山が好きなのに、尾瀬へは行ったことがないんだ。水ばしょうはほかの山で見たことがあるけれどね。尾瀬へはぜひ一度、行ってみたいと思っているんだ。そのときは、この歌を歌いながら歩こう。きっとすてきな思い出ができるにちがいない。だって、花言葉が「美しい思い出」だからね。

がま　蒲

ガマ科　***Typha*** 属

Typha latifolia 種

英名　**Bulrush**

米名　**Cat tail**

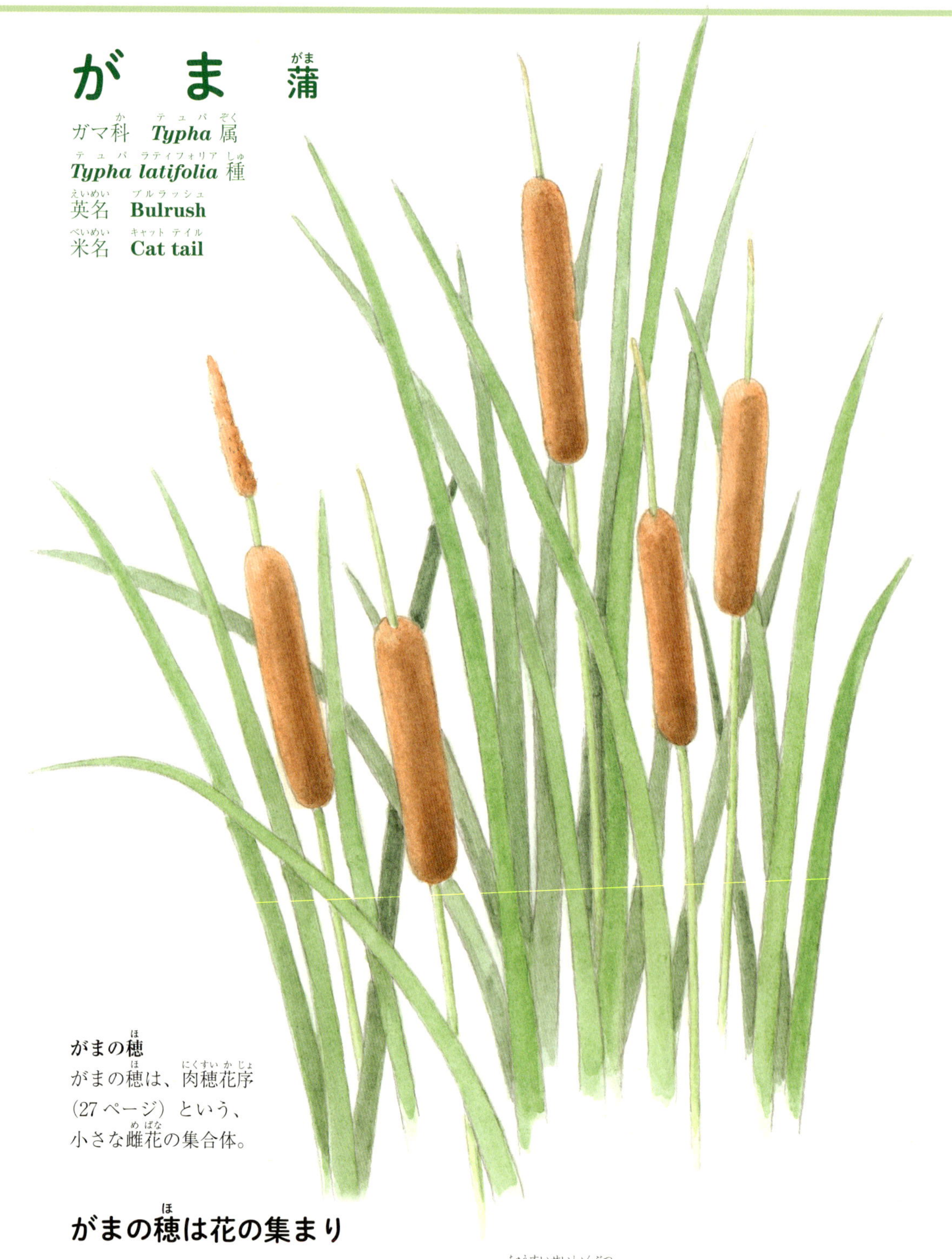

がまの穂

がまの穂は、肉穂花序（27ページ）という、小さな雌花の集合体。

がまの穂は花の集まり

　がまは、85ページで話した分けかたでいうと抽水性植物。つまり根は水につかっている。上の絵の茶色いところは、がまの花なんだ。絵の左はしの、細くて先のとがった茶色いものが雄花で、ちくわのようなかたちのところが雌花の集合体だ。ごく小さな無数の花が集まって、こんなかたちになっているんだ。その表面の茶色いものは、めしべの集まりだよ。雄花から風に乗って飛んでくる黄色い花粉がここについて、右の絵のような種がたくさんできるんだ。がまの黄色い花粉は、いろんな病気にきく薬になるし、穂は蚊取り線香のかわりになる。

原産地　日本や中国など、北半球の温帯地域
日本への伝来　大昔から、日本各地に自生していたと考えられている。
開花時期（日本）
６月～８月
花言葉
従順、素直、あわて者、慈愛、無分別、など。

がまの穂わた
わたのついた種が風に乗って飛んでいく。

いろんなものに似ている

かまぼこは知っているね。いつごろ発明されたのかはわからないけれど、はじめは竹の棒に魚のすり身を巻きつけて、焼いていたんだ。要するに今のちくわだ。そのかたちや色が、がま（蒲）の穂に似ていたので、かまぼこ（蒲鉾）と呼んだんだ。ところが、だれかが竹の棒ではなく、四角い板にすり身を盛り上げて焼いた、今のようなかまぼこを発明し、「板かまぼこ」と名づけて売り出した。やがてそれまでのかまぼこと板かまぼこを区別するため、それまでのかまぼこを「竹輪かまぼこ」と呼ぶようになった。それがいつのまにか、板かまぼこのほうは「板」が消えて「かまぼこ」になり、竹輪かまぼこのほうは「かまぼこ」が消えて「ちくわ」になったんだ。つまり、かまぼこもちくわも、もともとは同じものなんだよ。

がまの穂はちくわにも似ているけれど、ぼくは「きりたんぽ」によく似ていると思うんだ。きりたんぽは、秋田県の郷土料理だ。杉の棒に少しつぶしたごはんを巻きつけて、がまの穂のようなかたちにして、炭火やいろりの火で焼いたものだ。おみそをつけて焼いたり、とり肉や野菜などといっしょになべ料理にして食べるんだ。すごくおいしいよ。

ほおずきのところ（61 ページ）で話した、この本を作った出版社で働いている女性編集者の二畠さんは、子どものころ、がまの穂をマイクロフォン代わりにして、アイドル歌手のまねをして歌って遊んだそうだ。そんな使いかたもあるのかと、感心したものだ。ぼくは、友だちといっしょにがまの穂を刀に見立てて、女の子を追いかけてたたいてまわったんだ。がまの穂は少しかたいスポンジみたいだから、たたいても大して痛くはないんだ。でも、今でもなぜだかわからないのは、女の子は悲鳴をあげて逃げまわるくせに、追いかけるのをやめると、もっとやれといわんばかりに挑発してくることだ。女の子の気持ちって、本当にわからない。

ばら　薔薇

バラ科　***Rosa*** 属　***Rosa canina*** 種など、多数の種を交配した、4万品種以上の園芸品種がある。
英名　**Rose**

原産地　中国南部からミャンマーにかけて

日本への伝来　江戸時代初期、仙台藩の遣欧使節がヨーロッパから持ち帰った。日本にも、古来から、のいばら、はまなす、などのばらが自生していた。

開花時期（日本）
1月〜12月

花言葉
色、品種、一重八重、つぼみ、満開、しおれる、など、それぞれに無数の花言葉がある。

ラ・フランスという品種の一種

ラ・フランスは、1867年にフランスのリヨンで発表された交配種のばらで、その後続々と開発される近代的なばら、つまりモダンローズの、第1号といわれる。真冬以外はほとんど1年中咲いている、四季咲きのばら。これに対して、それまでの園芸用に作り出された古いタイプのばらを、オールドローズという。

もっこうばら

ばらは灌木

さて、ここからは灌木の花だ。灌木の「灌」は、今ではほとんど使わない昔の漢字なので、かわりに「低木」ということもある。文字通り、3メートル程度以下の、茎が木質化している多年生の植物を指す言葉だ。だから、ばらも灌木に入るんだ。ばらの中には、上の絵のような「つる性」のばらもある。つる性でも、多年生で茎が木質化する植物は、灌木に入れるんだ。

そのばらは、古代ギリシャ・ローマ時代から観賞用に栽培されていて、古くから品種改良が進んだので、今では4万品種以上もあるといわれているんだ。だからばらの花の話だけでも、ぶあつい絵本が1冊、書けると思うよ。バラ科の植物は、1つの科の植物としては、おそらく世界で最も栽培品種の多い植物だと考えられているんだ。果物も、りんごをはじめ、バラ科の果物が多い。ただし、属や種の数は、ラン科のほうが多いそうだよ。

イギリスの首都、ロンドンの郊外に、キュー・ガーデンという、とてつもなく大きな王立の植物園がある。1759年に個人の小さな庭園からはじまって、今では世界的に有名な植物園だ。ぼくはイギリスに住んでいたことがあって、キュー・ガーデンも、訪ねたことがある。広大なばら園があって、珍しいばらがたくさんあった。原種らしい地味なばらから、最近発表された大輪のばらまで、見事なコレクションだ。さすがはばらが国花のイギリスだ[注]。イギリスには、ほかにも大小の植物園がたくさんある。イングリッシュ・ガーデンといって、日本の花好きの人たちのあいだではあこがれのまとなんだ。ぼくも花好きだから、レンタカーを使って地図を頼りにあちこちのイングリッシュ・ガーデンを訪ねてまわった。どんなに小さなガーデンにもかならずあったのが、ばらのコーナーだ。イギリス人は、よっぽどばらが好きらしい。

注：ばらはイギリス（連合王国）全体の国花。各構成国には別の国花がある。77ページに説明がある。

ぼたん　牡丹、しゃくやく　芍薬

ボタン科　***Paeonia*** 属

Paeonia suffruticosa 種（ぼたん）

Paeonia lactiflora 種（しゃくやく）

英名　**Peony**（両方）

ぼたん

ぼたん、しゃくしゃく

原産地　両方とも中国

日本への伝来　不明

西暦1000年ごろに書かれた枕草子という本に出てくる。

開花時期（日本）

ぼたん　4月下旬～5月上旬

しゃくやく　5月上旬～下旬

花言葉

（ぼたん）

風格、高貴、人見知り、恥じらい、など。

（しゃくやく）

恥じらい、謙遜、清浄、など。

しゃくやく

どこがちがう？

ぼたんとしゃくやくは、花だけを見るととてもよく似ているので、どっちがどっちなのか区別できない人が多い。でもね、ぼたんとしゃくやくを簡単に見分ける方法があるよ。

「立てばしゃくやく、座ればぼたん、歩く姿は百合の花」という言葉がある。36ページの、しょうぶのところで話した言葉と同じで、日本に古くから伝わる、美しい女の人をほめる言葉なんだ。ところが、植物の特徴からいうと、この言葉は逆だよ。ぼたんは灌木で、葉が落ちた冬でも細くてかたい幹が残っていて、春にはそこから新芽が出る。つまり冬でも立っている。しゃくやくは草で、冬には茎も消えてしまう。春になると、地面から新芽が出てくる。つまりしゃくやくは、座るどころか、冬には土のふとんにもぐり込んで、眠ってしまうんだ。

花が咲いているときに見分けるには、葉っぱを見るといい。ぼたんの葉は、左の絵のようにぎざぎざだらけでつやがあまりないんだ。しゃくやくの葉は、上の絵のように、ごくふつうの木の葉のようなかたちでつやがあるんだ。花びらの散りかたもちがう。ぼたんは、一気に豪快に散る。しゃくやくは、名残りおしそうに、1枚ずつはらはらと散る。属まで同じ兄弟のような花だけど、これだけちがうんだ。両方とも、絵とはちがうピンクや、まっ白な品種もあるよ。

ぼたんは、中国で根を薬の原料にするために栽培しはじめたんだ。花を楽しむようになったのは、5世紀ごろだといわれている。それが日本やヨーロッパに伝わり、品種改良が進んで、今のような大輪の美しいぼたんやしゃくやくになった。よくいわれる言葉に、「西洋のばら、東洋のぼたん」という言葉がある。それほどぼたんとしゃくやくは東洋を代表する花なんだ。

あじさい　紫陽花

アジサイ科　***Hydrangea*** 属
Hydrangea macrophylla 種
英名　**Hydrangea**

ほんあじさい（本紫陽花）

原産地　熱帯アジア
日本への伝来　大昔からがくあじさいが日本に自生していた。ほんあじさいは、がくあじさいが変化した。
開花時期（日本）
6月～7月
花言葉
移り気、冷酷、辛抱強さ、など。

がくあじさい（額紫陽花）

色が変わる花

あじさいは、大きく分けて２種類ある。「あじさい」と「がくあじさい」だ。はっきり区別するために、「あじさい」を「ほんあじさい」ということもある。左のページの絵のように、全体がボールのようなかたちをしているのが、ほんあじさいだ。小さな花がたくさん集まっているように見えるけれど、じつは、これは花びらではなく「萼」というものなんだ。ふつうの花の場合は、花びらを支えている小さな葉っぱのような緑色のものだけど、あじさいの場合はそれが花びらのようなかたちに変化したんだ。ここには種はできない。おしべやめしべが退化して、ここにはないからだ。これを「装飾花」と呼んでいる。本当の花は、ボールのまん中に小さな花がたくさん集まっていて、外からは見えない。でも、上の絵のがくあじさいの場合、本当の花がはっきり見えている。まん中にあるごちゃごちゃしたものがそうだ。

ややこしいことに、「がくあじさい」の「がく」は、いま話した「萼」ではない。額ぶちの「額」なんだ。まわりの装飾花が、写真や絵を入れる額ぶちのように見えるからだよ。

あじさいは、花の色が変わることでも有名だ。咲きはじめと咲き終わるころでもちがうし、同じ株にちがう色の花が咲くこともあるよ。土が酸性なら青、アルカリ性なら赤になるんだ。土の中のアルミニウムという元素が、イオンという、根から吸収されやすいものに変わると、花の中で化学反応が起きて青い色素ができる。アルミニウムがイオンに変わらないと吸収されないので、あじさいにもともと含まれているアントシアニンという色素のせいで、赤くなる。これとは別に、咲きはじめが浅い黄緑色なのは、もとが葉緑素を持つ萼だからだ。日が経つにつれて葉緑素が消えて青くなる。最後は青い色素も消えて、赤くなるんだ。だから、もし花を青くしたいと思ったら、酸性の肥料をまくか、ミョウバンという薬品をまけばいい。

あじさいには「七変化」という別名がある。七色に変化するという意味だ。でもこの名前はほとんど使われていない。七変化はランタナという花の和名でもあり、ややこしいからだ。

つつじ　躑躅

ツツジ科　***Rhododendron*** 属

Rhododendron ferrugineum 種（平戸つつじ）

Rhododendron japonicum 種（れんげつつじ）

英名　**Azarea**

平戸つつじ

れんげつつじ

つつじ

原産地　日本や中国など、北半球の温帯地域

日本への伝来　大昔から日本に自生していたと考えられている。

開花時期（日本）
４月～５月

花言葉
慎み、節度
赤　愛の喜び。
白　初恋。

みつを吸うべからず

つつじは科名になっているほどだから、種類の多い花なんだ。左の絵の平戸つつじや、上の絵のれんげつつじ、きりしまつつじ、えぞつつじ、さつき、やまつつじの仲間などがそうだ。山歩きが好きな人ならよく知っている、「しゃくなげ」という花も、ツツジ科の仲間なんだ。だから絵を描くときに、どれを選べばいいのか迷ってしまう。左の絵は、たまたまうちの庭に咲いていたから、それを見て写生をしたんだ。上の絵は、説明する必要があって描いた絵だ。

平戸つつじは、住宅地の生垣などにもよく使われている、ありふれた木だ。子どものころ、学校の帰り道で、友だちとつつじの花をつんで、甘いみつを吸ったものだ。そのころは、今のように甘いお菓子がいつでも簡単に手に入る時代ではなかった。だからおやつ代わりだ。花を１つだけつまんで、そっと引き抜くようにして取ると、花びらのつけ根に、ほんの少しだけど甘いみつがついている。それを吸うんだ。だからよほどたくさんつまないと、おやつ代わりにならないんだ。子どものころの、なつかしい思い出さ。

でも、きみたちはやってはだめだ。つつじのことを調べていて、はじめて知ったんだけど、どの種類のつつじも、グラヤノトキシンという危険な毒を、多かれ少なかれ持っているんだ。みつをたくさん吸うと、死ぬこともあるそうだ。特に危ないのは、「れんげつつじ」という、オレンジ色の花が咲くつつじだ。上の絵は、この花のみつを吸ってはならないという意味で、ここに絵を入れたんだ。庭に植えている家もときどきあるから、気をつけたほうがいい。

みつばちを飼ってはちみつを集めている人たちのことを、「養蜂家」というんだけど、その養蜂家の人たちは、れんげつつじが咲いているときには、絶対にその近くにみつばちの巣箱をおかないようにしているそうだ。それほど危ないということだ。だかられんげつつじであろうとなかろうと、とにかくつつじの花のみつを吸うのはだめだ。「あんたはやったじゃないか」だって？　だからさあ、ひょっとしたらそのせいで……いや、やめておこう。

こでまり　小手毬

バラ科　***Spiraea*** 属
Spiraea cantoniensis 種　など
英名　**Reeves spirea**

こでまりを描く

こでまりは、バラ科の植物だ。でも、ばらには似ていないね。バラ科の植物はたくさんあって、中には見たところばらとはぜんぜんちがう植物もあるんだ。果物のりんご、なし、桃、びわなども、みんなバラ科だよ。

こでまりとは別に「おおでまり」という花があるけれど、おおでまりはスイカズラ科の花で、こでまりとは関係ないんだ。でもね、見たところはこでまりに似ていて、こでまりを大きくしたような花だ。というよりも、白いあじさいを小さくしたような花なんだ。

白い紙の上に白い花を描くのは、とても難しい。花が見えないからだ。この絵はバックに濃い色を塗ったから、花が見える。でもね、先に全体にバックの色を塗っておいて、その上に白い絵具で花を描いたのではない。この絵を描いた透明水彩は、原則として白い絵具は使わないんだ。たとえ使っても、油絵具やポスターカラーのようにまっ白にはならないよ。下に塗った絵具の色が透けて見えるからだ。だから透明水彩は難しい。

この絵はどうやって描いたかというと、マスキングインクというものを使ったんだ。マスキングインクは、乾くとやわらかいゴムのようになって、紙にくっつく。その上から絵具を塗っても、絵具を通さないんだ。だから先にマスキングインクで花を描いておいて、その上からバックの青い色を太い筆で塗ったんだ。全体がよく乾いてから、指などでこすると、ゴムのような膜が簡単にはがれ、まっ白な花が現われる。つまり、紙の白が花のかたちに残るんだ。あとは枝や葉を鉛筆の下描き通りに描き加えて、白い花に少し影をつければ、出来上がりだ。どうだい、おもしろそうだろう。版画や印刷物で白を表現するときに、紙の白を残すのと同じことさ。

マスキングインクは、画材店で、ビンに入ったのを売っている。買ってきてやってみると、おもしろいよ。ただし、絵具を塗る筆でやると、筆がだめになる。別の筆を使って、使ったあとは濃い石けん液で洗うんだ。

拡大したこでまりの花

原産地　中国

日本への伝来

時期は不明だが、中国から。江戸時代にはすでにあった。

開花時期（日本）

３月〜４月

花言葉

友情。

ゆきやなぎ　雪柳

バラ科　*Spiraea* 属

Spiraea thunbergii 種

英名　**Thunberg's meadowsweet**

雪やなぎ　手前の黄色い花は、れんぎょう（モクセイ科）。

拡大した雪やなぎの花

原産地　日本、中国

日本への伝来　大昔から日本各地に自生していた。

開花時期（日本）
3月～4月

花言葉
愛らしさ、気まま、静かな想い、など。

雪やなぎもばらの仲間

雪やなぎも、バラ科だよ。こでまり（100ページ）と同じ、スピラエア属の仲間だ。左の絵を見ると、ばらにはぜんぜん似ていないように見えるけれど、上の絵のように拡大して見ると、同じバラ科の桜の花（116ページ）によく似ている。大きさがかなりちがうだけだ。上の絵を桜のところに入れて、これは桜の品種の１つだといっても、まちがいだと気がつく人は少ないと思うよ。花びらのかたちや、花の集まりかたが、桜の花とはちょっとちがうのではないかと気がつく人は、よっぽど花にくわしい人だ。

左の絵は、京都市で写生をした絵だ。京都市の市街地は、東山、北山、西山という、３つの山並みにぐるりと囲まれている。その東山のふもとの、「東山疏水」という用水路にそって、「哲学の道」という散歩道がある。観光客に人気のある散歩道だ。左の絵は、その哲学の道の雪やなぎを描いた絵だよ。本当は、絵の中の平らな草地のところに、疏水が流れている。でも疏水を描くと絵がごちゃごちゃになるし、雪やなぎが主役なのか疏水が主役なのかわからなくなるので、描かなかった。でもれんぎょうは、そこに何か色がないと絵がさびしくなるので、残したんだ。雪やなぎの白を引き立たせるためでもある。奥に描いた林のところには、本当は家が並んでいた。でも家はじゃまだし、絵に奥行を出したかったので、林に変えたんだ。

こんな風景画は邪道だという人もいる。でもね、風景をこうして好きなように変えてしまうことができるのが、絵のおもしろいところなんだ。目の前にある世界を勝手に変えてしまえるなんて、まるで魔法使いみたいだ。だからおもしろい。きみたちも、どこかで風景を写生する機会があったら、やってみるとおもしろいよ。電柱がじゃまなら、消してしまうとか、好きなように魔法を使えばいいのさ。美術の先生がなんといおうと、気にすることはない。なんなら先生を魔法で絵の中に閉じ込めてしまってもおもしろいよ。絵は、魔法使いのように楽しんで描くのがいちばんだ。こう描かなければいけないという規則なんて、どこにもない。

ふよう 芙蓉、むくげ 木槿

アオイ科 ***Hibiscus*** 属 ***Hibiscus mutabilis*** 種（ふよう）

Hibiscus syriacus 種（むくげ）

英名 **Confederate rose**（ふよう）

Cotton rosemallow（ふよう、むくげ）

Rose of Sharon（むくげ）

ふよう

原産地 日本、中国

日本への伝来 大昔から日本各地に自生していた。

開花時期（日本）
7月～10月

花言葉
しとやか。

ふよう

この絵はふつうのふようだけど「すいふよう」といって、朝は白く、だんだんピンクに変わる変種もある。漢字では「酔芙蓉」と書くんだ。「酔」は、お酒によっぱらうという意味だよ。朝からお酒を飲んでいるのかなあ。

むくげ
花びらがピンクの品種もある。

ふようの種

似たもの同士

似たもの同士の話をしよう。同じヒビスクス属のふようとむくげは、とてもよく似ている。だからまちがえる人がときどきいる。でも見分けるのは簡単だよ。まず、ふようのめしべは、左の絵のように、先が折れ曲がっている。むくげのめしべは、まっすぐだ。ふようの葉には、するどいぎざぎざがある。むくげの葉は、ぎざぎざはあるけれど丸っこいかたちをしている。それから、もっと大きなちがいは、ふようは灌木で、むくげは木なんだ。ふようといっしょに話をするので、灌木のところに入れたけれど、むくげは、ときには10メートル以上もの高さになることもある、れっきとした木だよ。名古屋市では、街路樹として使っているし、東京都の夢の島公園には、10メートル以上のむくげの木がたくさん生えている。住宅の庭に植えてあるむくげは、高くならないように切りつめてあるんだ。ふようは灌木だから、高くはならない。

むくげは、お隣の大韓民国の国花なんだ。だから、韓国の人たちにとってはとても大切な花で、みんなに愛されている。韓国の国章にも、むくげの花の紋章が入っているよ。

ふようは、もちろん花も美しいけれど、花が終わったあとの姿かたちが、絵のモデルとしてとてもおもしろいんだ。うちの庭にも植えてあるけれど、10月ごろまでは花を楽しんで、そのあとは春まで、右上の絵のようなおもしろい姿かたちのドライフラワーが楽しめるんだ。

ハイビスカス　仏桑花　扶桑花

アオイ科　***Hibiscus*** 属　***Hibiscus rosa-sinensis*** 種

英名　**Hibiscus**

Chinese hibiscus

赤いハイビスカス

原産地　不明

日本への伝来　1610年ごろ琉球産のぶっそうげを薩摩藩から江戸の徳川幕府に献上したという記録がある。

開花時期（日本）
6月〜8月

花言葉
新しい恋、など。

黄色いハイビスカス

思い出のハイビスカス

さっき、105ページで、似たもの同士の話をしたね。じつはこのハイビスカスも、ふようやむくげと同じ仲間なんだ。絵をくらべてみてもわかるけれど、両方の分類名を見れば、もっとはっきりする。ラテン語の属名のヒビスクスを英語読みにすると、ハイビスカスなんだ。

ハイビスカスは、日本でも育てている人がたくさんいるよ。鉢植えのハイビスカスを売っているし、九州など暖かい地方では、露地植えでも育てることができるんだ。灌木だから、一度植えておくと、毎年花を楽しめる。沖縄県へ行くと、あちこちの家の庭に咲き乱れているよ。沖縄県のハイビスカスは、17世紀にはもう育てていたことがわかっているんだ。そのころは、「ぶっそうげ」と呼んでいたそうだ。ぶっそうげは、今の園芸種のハイビスカスの原種と考えられている。アメリカにも伝わって、アメリカで多くの園芸種が開発されたんだ。

ぼくがハイビスカスをはじめて見たのは、ハワイの住宅地だ。ガレージ付きの立派な家や、花々が咲き乱れる広い芝生の庭を見て、アメリカとはこんな国かと、おどろいたものだ。

大学を卒業してすぐに、アメリカに留学するために、船で太平洋を渡った。飛行機は高くて乗れなかったんだ。当時は今のように簡単に外国旅行や外国留学ができる時代ではなかった。神戸港を出港するときは、こんどこの日本の土を踏むのはいつだろうと、悲壮な覚悟だった。もちろん、帰りの切符は持っていない。いつ帰れるかわからない、出たとこ勝負の鉄砲玉だ。当時は太平洋にもアメリカの定期航路があって、大きな客船が行き来していた。客船というと豪華に聞こえるけれど、ぼくが乗ったのは、3等船室のそのまた下の、移民用の船室だ。本当なら貨物を入れる船倉に、仮設の4段ベッドが並んでいて、見上げると、貨物を出し入れする四角い穴をキャンバスでふさいであった。そんな船室でも、神戸からサンフランシスコまでの14日間の船旅は、楽しくてしかたなかった。船は途中ハワイに寄港した。船会社が小型バスを用意してくれて、島中を見てまわった。そのとき、住宅地でハイビスカスを見たんだ。だから今でもハイビスカスを見ると、全力で駆け抜けた、アメリカでの青春の日々を思い出すんだ。きみもいつか、全力で何かに取り組むことがあるだろう。その思い出は、きっと生涯残るよ。

ブーゲンビリア　筏葛　九重葛

オシロイバナ科　***Bougainvillea*** 属
Bougainvillea buttiana 種　など
英名　**Bougainvillea**

原産地　中南米の熱帯雨林

日本への伝来　不明

開花時期（日本）
暖かい地方ではほぼ通年。

花言葉
あなたしか見えない、情熱、あふれる魅力、など。

ブーゲンビリアは葉っぱを見て楽しむ

上の絵は、ブーゲンビリアの花を一輪だけ描いた絵だ。わかりやすく見せるためにこうしたけれど、実物のブーゲンビリアの花は、一輪だけぽつんと離れて咲くことは、ほとんどない。枝いっぱいにたくさん集まって、ふさになって咲くんだ。右のページの写真を見るとわかる。

ブーゲンビリアの赤いところは、正確には花ではない。赤いところの中心に見える、３本の黄色いものが花だ。花びらのように見える赤いものは、じつは葉なんだ。植物の花のつぼみを包んでいる葉のことを、難しい言葉で、「苞葉」というんだけど、ブーゲンビリアの場合は、それが赤い色に進化したんだ。受粉を助けてくれる昆虫や、はち鳥のような小鳥を呼び寄せるはずの花びらがないので、葉がその役目をしているんだ。近くでよく見ると、花びらに見える赤い苞葉は、かたちや構造が緑色の葉と同じだということがわかるよ。つまり、ぼくたちは、ブーゲンビリアの葉っぱを見て楽しんでいるというわけだ。

スリランカのブーゲンビリア

スリランカという国がある。インドの東南の海に浮かんでいる、北海道の４分の３ぐらいの小さな島国だ。「インド洋の真珠」といわれていて、熱帯植物の宝庫でもある。ぼくはそこに２年ほど住んでいたことがある。そこの大学でデザインを教えていたんだ。

スリランカには、日本では見られないような熱帯の花々が、たくさんあった。よくカメラを持って、写しに行ったものだ。今でも持っているたくさんの写真の中には、ブーゲンビリアの写真もある。上の写真はその中の２枚だ。ブーゲンビリアは日本でも暖かい地方なら露地植えでも育つけれど、スリランカのブーゲンビリアはすごいよ。２階建ての家がすっぽりかくれてしまうほど茂っているところも、珍しくない。しかも、ブーゲンビリアは熱帯では年中咲いているから、いつ見ても中の建物が見えないんだ。そのブーゲンビリアを食べたことがあるよ。スリランカでは、この花を油で軽く揚げて、カレー料理にのせて食べることがあるんだ。

ポインセチア　猩々木（しょうじょうぼく）

トウダイグサ科 ***Euphorbia*** 属
Euphorbia pulcherrima 種
英名　**Poinsettia**

赤いポインセチア

クリスマスのシンボルカラー

欧米では、ポインセチアをクリスマスの飾りに使うことがよくある。これには理由がある。緑色と赤の組み合わせは、クリスマス、というよりもイエス・キリストのシンボルだからだ。赤はイエス・キリストの受難（血）を、緑色はイエス・キリストの復活をあらわしているのだそうだ。だからクリスマスには、ポインセチアだけでなく、赤い実がついたひいらぎの枝や、常緑樹のもみの木の枝を赤いリボンでまとめた飾りなどを使う。クリスマスの時期になると、家々の玄関に、緑色と赤をあしらったリースなどが飾ってあるのを、よく見るよ。クリスマスプレゼントを包むときも、緑色と赤を組み合わせた包み紙やリボンを使うことが多いんだ。

日本でも、クリスマスの時期になると、あちこちのお店のショーウインドーなどに、緑色と赤を組み合わせた飾り付けをするのは、その欧米の風習のまねをしているんだよ。

白いポインセチア

原産地
メキシコ、中央アメリカ
日本への伝来 明治時代中ごろ。アメリカから
開花時期（日本）
11月〜1月
花言葉
私の心は燃えている、祝福、聖夜、など。

ポインセチアは観葉植物？

ポインセチアは、クリスマスやお正月前になると、植木鉢に植えたのをよく売っているね。暖かい地方では、花壇に植えることもよくある。だからぼくはポインセチアは草だと思って、花壇の花のところに入れていたんだ。でも、そうではなく、ポインセチアは立派な灌木だと、縄田先生に教えてもらったんだ。大きく育ったポインセチアは、大人の背丈よりもはるかに高い、堂々とした灌木だよ。宮崎県宮崎市の、堀切峠というところへ行くと、道路沿いの山の斜面に、広大なポインセチアの灌木林がある。12月ごろには、近くに海が見える道路沿いの、５万本以上もの背の高いポインセチアが咲き乱れて、あたりが赤一色に染まるんだ。

縄田先生の話によると、鉢植えのポインセチアは、植物が持っているジベレリンという成長ホルモンの働きを、人為的におさえる薬を与えて、大きくならないようにしてあるそうだ。

ところで、まっ白なポインセチアがあるのを知っているかな。上の絵がそうだよ。この絵の花びらに見える白いものや、左の絵の赤いものは、じつは、花びらではない。「ええっ？」と思うだろう？　これはブーゲンビリアのところ（108ページ）で話した「苞葉」だよ。だから、そのかたちや構造は、ブーゲンビリアのように、緑色の葉と全く同じだ。苞葉の中心に見える黄緑色のところが、花びらのない花だよ。つまり、ポインセチアは、ブーゲンビリアとは科がちがうけれど、花の仕組みは、ブーゲンビリアと同じなんだ。ぼくたちはポインセチアの葉を眺めて楽しんでいるというわけさ。だから、観葉植物だといえないこともないんだ。

なんてん　南天

メギ科　***Nandina* 属　*Nandina domestica* 種**

英名　**Heavenly bamboo**

実を見て楽しむ

花ではなく、実を眺めて楽しむ灌木の話を、２つ続けてしよう。南天は、11月ごろに、上の絵のような赤い実がなる灌木だ。花とちがってかたい実だから、鳥が食べてしまわない限り、２月ごろまで楽しめる。もちろん花もある。右のページの絵がそうだ。でも花は目立たない。

実だけではなくて、葉っぱを眺めて楽しめる南天もあるよ。「おたふく南天」という品種がそうだ。葉っぱが新芽のときから赤くて、真夏でもずっと赤いままなんだ。これは江戸時代に品種改良で作り出した、園芸品種の南天なんだ。ただし、おたふく南天は、実がならないし、ふつうの南天ほど大きくはならない。だから庭の植木の下草として使うことが多いんだ。

南天は、薬にもなるよ。葉は解熱やせき止めの漢方薬の原料になる。殺菌作用もあるといわれて、昔は折詰めのお赤飯の上には、かならず南天の枝が乗っていたものだ。それから、実にも薬の原料になる成分が含まれている。とても役に立つ植物なんだ。

拡大した南天の花

原産地　中国
日本への伝来　日本にも大昔から自生していたと考えられている。
開花時期（日本）
花は6月～7月
実は11月ごろ赤くなり、2月ごろまで楽しめる。
花言葉
私の愛は増すばかり、福をなす、よい家庭、など。

抜けない南天

南天は、不思議な英語名を持っている。ヘブンリー・バンブー、つまり「天国のような竹」という意味なんだ。なぜ南天が天国のような竹なんだろう。竹とはぜんぜん関係ないのにね。

南天の実は、いろんな鳥がよく食べにくる。真冬でえさが少ないときに、たくさん赤い実をつけているからだ。この実の中にはかたい種がある。だから鳥が食べても、種は消化されずに鳥のふんといっしょに地上に落ちる。やがて種は芽を出す。鳥は実を食べさせてもらうお礼に種をばらまく。こうして南天は子孫を増やしていくんだ。大自然のすばらしい知恵だ。

ぼくの家の庭にも、南天の株がある。はじめは一株しかなかった。それが今では南天の株が4カ所に増えて、毎年、赤い実をたくさんつけている。鳥が種をばらまいて増やしたんだよ。せまい庭だから困るんだけど、引き抜けない。

これにはわけがあるんだ。ぼくの長年の友だちに、山本さんという、腕ききの庭師がいる。もう30年以上も、庭の手入れをしてもらっている。だから山本さんは、うちの庭の木を全部知りつくしていて、どの木をどうすればいいか、よくわかっているんだ。

その山本さんは、南天の実から生えた小さな若木を、絶対に抜かない。近くの木を少し切りつめてでも残すんだ。ときには空いている場所をさがして、わざわざ若木を植えかえることもある。山本さんは、せっかく新しく芽を出して懸命に生きようとしている木を、抜いてしまうなんてかわいそうだ。だから残そうよ、というんだ。なるほど、それはいい考えだと思って、山本さんに任せている。だから、せまい庭が南天だらけになってしまうんだ。

むらさきしきぶ　紫式部

シソ科　***Callicarpa*** 属 ***Callicarpa japonica*** 種

英名　**Japanese beautyberry**

むらさきしきぶの実

原産地　日本や中国、台湾、朝鮮半島

日本への伝来　大昔から日本各地に自生していた。

開花時期（日本）

６月～７月

果実　９月～10月

花言葉

愛され上手、上品、聡明。

むらさきしきぶの花

むらさきしきぶ物語

むらさきしきぶも、南天（112ページ）と同じように、実を眺めて楽しむ灌木だ。もちろん上の絵のような花が咲くけれど、花は小さくてあまり目立たない。道ばたに生えていることもあるし、庭に植えている人もいるよ。名前の「むらさきしきぶ」だけど、「むらさき」は実がむらさきだからわかるけれど、「しきぶ」ってなんだろう。

京都市の南隣りに、宇治市という街がある。お茶の生産と、国宝であり、世界遺産でもある平等院というお寺があることで有名なところだ。その宇治市の中心部に、宇治橋というかなり大きな橋があり、そのたもとに紫式部の石像がある。とはいっても、植物のむらさきしきぶの石像ではない。平安時代（794～1192年ごろ）に、源氏物語という長編小説を書いた、紫式部（978～1016年）という女流作家の石像だ。源氏物語は、54巻もある長大作で、光源氏という架空の人物とその子孫にまつわる、いわば恋愛小説なんだ。今では英語やフランス語に訳した本もあって、世界的に高く評価されている。やさしい現代語訳や、まんがの本もあるよ。

その源氏物語の最後の10巻は、「宇治十帖」とも呼ばれて、今の宇治市が物語の主な舞台になっているんだ。だから宇治市には、今も源氏物語ゆかりの史跡がたくさんあるし、源氏物語ミュージアムという博物館もある。じつはね、ぼくはその宇治市に50年近く住んでいるんだ。住みはじめたころには住宅地のまわりに茶畑がたくさんあったし、きつねやたぬきが住宅地の中を歩きまわっていた。今は住宅がぎっしり建っていて、きつねなんかいないけれどね。でもたぬきは今でもときどき見るよ。

おっと、また話が横道にそれてしまったね。悪いくせだ。灌木のむらさきしきぶの名前は、作家の紫式部にあやかった名前だという話をしていたんだった。たぬきは関係ない。

さくら　桜

バラ科　***Prunus*** 属
Prunus serrulata 種
英名　**Cherry blossom**

染井吉野

原産地　ヒマラヤの近く
日本への伝来　不明。古くから日本各地に自生する。
開花時期（日本）
3月～4月
花言葉
優れた美人、精神の美、優美な女性、純潔、など。
（山桜）あなたにほほえむ。
（しだれ桜）優美。

染井吉野はたったの１本

さて、ここからは木に咲く花の話だ。木の花といえば、日本ではまず桜だよね。その桜にはいろんな品種がある。花が先に咲いて、葉はあとから出てくる品種、花と葉が同時に出てくる品種、主に山にある品種、主に人里にある品種などだ。中でも有名なのは、公園や川のそばの土手などでよく見る「染井吉野」という品種だよ。東京都の上野公園をはじめ、日本中の桜の名所にある桜の木は、ほとんどが染井吉野だといってもいいほど、多いんだ。

染井吉野は日本生まれの桜なんだ。江戸時代の末に、江戸の染井村という村に、庭師や植木職人が集まって住んでいた。そこで「えどひがんざくら」と「おおしまざくら」という品種が交雑してできた桜だと考えられているんだ。その桜の苗を売り出したらとても人気を呼んで、あっという間に日本中にひろまったそうだ。でも、おかしなことに、種はできるけれど、その種をまいても、芽が出ないか、出ても染井吉野とはちがう桜になる。縄田先生の話によると、「自家不和合性」[注1]という植物の性質で、そうなるそうだ。だから苗を作るときは、種をまくのではなく、挿し木や接ぎ木という方法で作るんだ[注2]。世界中の染井吉野は、こうして最初のたった１本から挿し木や接ぎ木で増やした木なんだ。つまり世界中の染井吉野は同じ木だよ。だから同じ場所の染井吉野は全部が同時に咲くんだ。こういうのを「クローン」というんだ。

注１：自家不和合性とは、自分の花粉（同じ個体の花粉）では正常な種ができない性質のこと。

しだれ桜

桜切るばか

「桜切るばか、梅切らぬばか」という言葉がある。昔からの言い伝えだ。桜の枝は切ってはならない、梅の枝は切らなければならない、という意味だよ。

南天のところ（113ページ）で話した、庭師の山本さんの話では、今ではもうそんなことはいわないそうだよ。たしかに、桜の木は太い枝を切ると、その切り口から腐ってくるそうだ。だから昔の人はそういったんだ。でも今は木が腐るのを防ぐいい薬があって、庭師はかならず持っているそうだ。山本さんもトラックにいつもその薬を積んでいて、ぼくの家に以前あった桜の枝も、心配になるほど切った。だいじょうぶかと聞いたら、その話をしてくれたんだ。

梅切らぬばか、というのは、梅の実を育てるために栽培している梅林では、枝を切らないと上へ上へとのびて、木の手入れや収穫がしにくくなることから生まれた言葉だそうだ。

桜の中には、「しだれ桜」といって、上の絵のように枝がたれ下がる桜がある。でも、こういう種類の桜があるのではない。ふつうの桜が突然変異を起こして、植物が本来持っている上や横にのびる力がなくなって、自分の重みでたれ下がるんだ。これには、ポインセチアのところ（111ページ）で話した、ジベレリンという成長ホルモンが関係しているらしい。だからどの種類の桜にも起こることがある。ほかの植物、例えば梅や桃なども、しだれることがあるよ。

注2：挿し木＝若い枝を土に突きさしておく。接ぎ木＝若い枝をほかの若木の切り株につなぐ。

はなみずき　花水木

ミズキ科　*Cornus* 属　*Cornus florida* 種

英名　**Dogwood**

花水木

花水木と山法師

花水木は、北アメリカ原産で、日本に伝わったのは1915年だ。1912年に、当時の東京市長だった尾崎行雄という人が、アメリカの首都、ワシントンＤ．Ｃ．に桜の苗木を贈った返礼に、そこから贈られたんだ。今ではとても人気があって、家々の庭だけでなく、街路樹としてもよく使われる。絵のような赤い花だけでなく、花が白い品種もあるよ。秋の紅葉も美しい。

花水木のとても近い親戚に、山法師という木がある。もともとは山に生えている木だけど、今ではそれを改良した観賞用の品種が、たくさんある。庭に植えている家も、ときどき見る。花水木とは少しちがう、清らかな白い花が、たくさん咲くんだ。

南天のところ（113ページ）で話した山本さんが庭に植えてくれた木に、ミルキーウェイというしゃれた名前の木がある。これも山法師の１種だ。ミルキーウェイとは、英語で天の川のことだ。まるで天の川の無数の星々のように、小さな白い花がたくさん咲くんだ。右の絵は、そのミルキーウエイが咲いているところを、２階のベランダから見て写生をした絵だ。昼間に見ても美しいけれど、晴れた月夜に見ると、まるで地上の天の川のようだよ。

花水木の実
花水木は秋の
紅葉も美しい。

花水木

原産地　北アメリカ

日本への伝来　1915年
アメリカから

開花時期（日本）
4月～5月

花言葉
私の愛を受け止めてください、
華やかな恋、永続性、など。

山法師（ミルキーウェイ）

つばき　椿

ミズキ科　*Camellia* 属　*Camellia japonica* 種（やぶつばき）など

英名　**Camellia**

やぶつばき

つばきの実

1つの実に種が6つずつ入っている。殻は3つに割れることが多い。4つに割れることもある。

原産地　中国や日本

日本への伝来　時期は不明。やぶつばき以外は中国から

開花時期（日本）
2月～3月

花言葉
完全な愛、気取らない魅力、控えめなやさしさ、控えめな美徳、など。

つばきとさざんか

日本を含む東アジアから東南アジア、ヒマラヤにかけて、いろんな種類のつばきが自生している。19世紀にはそれがヨーロッパに伝わり、園芸品種がたくさん作り出されたんだ。

つばきによく似た花に、さざんか（122ページ）がある。同じころに咲いていることもあるので、ときどきまちがえる人がいるんだ。でも、つばきとさざんかを見分けるのは簡単だよ。まず、つばきは2月から3月にかけて花が咲く。さざんかはつばきより早く、11月から2月にかけてだ。だから同時に咲いていることは、あまりない。つぎに、つばきは、花が終わると、ばらばらにならず、そのままぽたりと落ちる。だから昔は、首が落ちるようだといってきらう人もいたんだ。さざんかは、花が終わると、花びらが1枚ずつはらはらと落ちる。それから、つばきのおしべは、筒のようなかたちになっている。さざんかのおしべは、122ページの絵のように、ばらばらだ。こんどつばきかさざんかを見たら、よく観察してみるとおもしろいよ。

つばきの実は、油をたくさん含んでいる。だから昔から、つばき油といって、主に髪の毛につける油として利用されてきたんだ。おすもうさんの髪を結うときに使う、びんつけ油という油も、つばき油だし、顔や体につける化粧品にもなる。それから、つばきの種類によっては、てんぷら油もとれるんだ。東京都の伊豆大島という島では、つばき油を生産するために、今もつばきの木をたくさん栽培しているよ。2月から3月にかけて、伊豆大島へ行くと、すばらしい花見ができる。もちろん、伊豆大島以外でも栽培しているところがあるよ。日本でつばき油を生産するために栽培しているのは、左の絵の「やぶつばき」という種類のつばきが多いんだ。

左の絵は、上手か下手かは別にして、ぼくの好きな絵の1つだ。切り花や写真を見て描いたのではなく、今にも雪が降りそうな寒い日に、けなげに咲いている様子を、実際に見て描いた絵だからだ。すすきのところ（83ページ）でも話したけれど、ぼくは花びんに活けた花を描くのは、あまり好きではない。現に生きている花を描くのが好きなんだ。だから、やぶつばきの花たちが、「ううっ、寒いなあ」「うん、寒い寒い」と小声で話し合っているような、そんな絵を描きたかったんだ。それがうまく表現できたかどうかは、わからない。

さざんか　山茶花

ツバキ科　***Camellia*** 属　***Camellia sasanqua*** 種

英名　**Sasanqua**

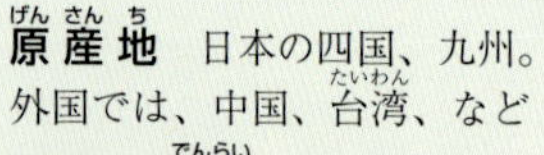

原産地　日本の四国、九州。外国では、中国、台湾、など

日本への伝来　大昔から日本の南西部に自生していた。

開花時期（日本）
11月～2月

花言葉
困難に打ち勝つ、ひたむきな愛。
白　　　愛嬌、理想の恋
ピンク　永遠の愛

さざんかは「さんさか」だった

さざんかを漢字で書くと、山茶花だ。「山茶」とは、9世紀のはじめに中国から伝わったとされる「茶の木」が、日本で野生化した木の名前だよ。その山茶（茶の木）は、かつてはつばきやさざんかと同じツバキ科カメリア属に入っていたんだ[注1]。つまり、さざんかと山茶は兄弟といっていいほど近いと思われていた。だから昔はさざんかを「山茶花」と書いて、「さんさか」と呼んでいたんだ。その「さんさか」が「さざんか」に変化したんだ。

注1：山茶（茶の木）は、現在は ***Camellia*** 属ではなく、ツバキ科　***Thea*** 属 ***Thea sinensis*** 種。

落ち葉たき

歌になったさざんか

昔の話をしよう。ぼくが子どものころ、『たきび』という有名な歌があった注2。そのころはだれもがよく歌った歌だよ。その中に、さざんかが出てくる。さざんかは、生垣に使うことがよくあって、真冬に花を咲かせる。それを歌ったんだ。

かきねの　かきねの　まがりかど　　たきびだ　たきびだ　おちばたき
「あたろうか」「あたろうよ」　きたかぜぴいぷう　ふいている

さざんか　さざんか　さいたみち　　たきびだ　たきびだ　おちばたき
「あたろうか」「あたろうよ」　しもやけおててが　もうかゆい

こがらし　こがらし　さむいみち　　たきびだ　たきびだ　おちばたき
「あたろうか」「あたろうよ」　そうだんしながら　あるいてく

たき火は知らないだろうなあ。昔は冬になると、公園や道路の落ち葉を集めて、火をつけて燃やしたんだ。今はそんなことをしたら消防署にしかられるけれどね。この歌は、学校帰りの子どもたちがそれを見つけて、あたっていこう（手をかざしたりして温まること）と相談している歌だよ。ひょっとしたら、たき火の中にさつまいもが入れてあって、焼きいもがもらえるかもしれないんだ。それから、「しもやけ」とは、寒さのために手や足が赤くはれあがって、かゆくなったり痛くなったりすることだ。今はどの家でも暖房器具があるし、蛇口をひねればお湯が出てくるけれど、昔はそんなものはなかった。暖房といえば、炭を使った火鉢やこたつだけだったんだよ。夜寝るときは、湯たんぽといって、大きな水筒のようなものに熱いお湯を入れてタオルで包み、ふとんに入れて寝たんだ。顔や手を洗うのも、洗たくをするのも冷たい水だから、しもやけになることがよくあった。そんな昔を思い出す、なつかしい歌だ。

注2：1941 年に巽聖歌が作詞し、渡辺茂が作曲してできた歌。今も『日本の歌百選』に入っている。

もくれん　木蓮

モクレン科　***Magnolia*** 属　***Magnolia quinquepeta*** 種（しもくれん）
Magnolia heptapeta 種（はくもくれん）
英名　**Magnolia**

しもくれん（紫木蓮）

はくもくれん（白木蓮）
「はくれん」と呼ぶこともある。

マグノリアの花たち

もくれんは、漢字で書くと、「木蓮」だ。つまり、木に咲くはすだ。63ページのはすの花の絵とくらべると、花のかたちが似ているのがわかるよ。そのもくれんには、多くの種がある。ふつうは上の絵のような、花が赤むらさきの種を「もくれん」または「しもくれん」と呼んでいる。右の絵の花が白い種は、しもくれんとは別の種で「はくもくれん」と呼んでいる。このほかにも、マグノリア属には、「たいさんぼく」と「こぶし」といって、よく庭に植える木がある。どちらも花はまっ白で、たいさんぼくはもくれんより大きく、こぶしは少し小さい。

英語名の「マグノリア」は、大好きな名前だ。アメリカの昔の映画に、『マグノリアの花たち』という、いのちの大切さと６人の女性の友情を物語った、すてきな映画があったからだ[注]。ジュリア・ロバーツという、今では有名なアメリカの女優が、若いころに出演して、ゴールデン・グローブ賞の助演女優賞に選ばれ、アカデミー賞の助演女優賞の候補にもなった映画だ。

学名のマグノリアは、17世紀のフランスの偉大な植物学者、ピエール・マニョル（Pierre Magnol）にちなんでつけた学名だよ。フランスの植物学の父と呼ばれている人だそうだ。

注：1989年のアメリカ映画。ジュリア・ロバーツの出世作。

もくれん

原産地 中国南西部

日本への伝来 不明

開花時期（日本）

3月～4月

花言葉

自然への愛、持続性。

きんもくせい　金木犀

モクセイ科　*Osmanthus* 属
Osmanthus fragrans 種
英名　**Osmanthus**
Fragrant olive

うすぎもくせいの実

きんもくせいは雌雄異株で、雄株と雌株があるが、日本の株はほとんどが雄株なので、実がならない。うすぎもくせいという、花がクリーム色の種は、絵のようなむらさきの実をつける。

きんもくせい

原産地　中国南西部

日本への伝来　不明

開花時期（日本）
9月下旬～10月中旬

花言葉
謙虚、真実の愛、陶酔、初恋。

きんもくせいの香り

きんもくせいの種名の「フラグランス」は、ラテン語で「よい香りがする」という意味だ。それほどきんもくせいは、香りが高いので有名なんだ。漢字の「金木犀」の「犀」は、動物の「さい」のことだよ。木の幹のはだが、さいの皮に似ているし、花が金色なので、この名前になったそうだ。きんもくせいとは別に、「ぎんもくせい（銀木犀）」といって、花の色が白い種もあるし、「うすぎもくせい」という、花がクリーム色の種もある。どちらもきんもくせいほど香りは強くない。そのきんもくせいの香りには、大切な思い出があるんだ。

ぼくは東京で生まれて、東京で国民学校（今の小学校）に入学した。1学期はそこに通ったけれど、第二次世界大戦（1939～1945年）が激しくなって、2学期からは、京都に住んでいたおばあさんに預けられた。疎開といって、東京の子どもは親から離されて地方の安全な場所に移されたんだ。東京はアメリカ軍の爆撃機が飛んできて爆弾を落とすからだ。京都の国民学校では、ひどい目にあった。ちょうどきんもくせいが咲きはじめたころだ。担任の先生が生粋の京都弁で、何をいっているのかさっぱりわからず、授業についていけなかったんだ。おまけに同級生からもひどい仕打ちを受けた。今でいういじめだ。それもこん棒でなぐるという強烈ないじめだ。先生は、見て見ないふりをしていた。いま考えると、そのときの同級生の気持ちがわからないでもない。東京から転校してきた、標準語を話す生意気なやつだ。でもそのときは、いじめの理由がわからなくて、毎日泣きながら帰った。帰り道に、きんもくせいの長い生垣があって、ちょうど花盛りだった。どんな家に住んでいたのかも、おばあさんのことも、覚えていないのに、それだけは覚えているんだ。そのときのきんもくせいの香りは、泣きじゃくっているぼくを、遠く離れていてもなぐさめてくれている、母親のようだった。

幸いにして、両親が東京から兵庫県の明石市という町に疎開してきて、京都での疎開生活は1学期間で終わった。また両親と暮らせるようになってうれしかったのもつかの間、彼岸花のところ（67ページ）で話した、爆撃機の空襲にあったんだ。心と体に深い傷を負った、戦争のときのことは、できれば忘れてしまいたい。でも、あのときのきんもくせいの思い出だけは、大切にしたいんだ。あの悲惨な時代に苦労して育ててくれた、母親の思い出だからだ。

さるすべり　猿滑　百日紅

ミソハギ科　***Lagerstroemia*** 属
Lagerstroemia indica 種
英名　**Crape myrtle**

赤いさるすべりの花

さるすべりの種

原産地　中国
日本への伝来　不明
18世紀以前であることは確か。
開花時期（日本）
7月～10月
花言葉
愛嬌。

さるはさるすべりの木に登れるか

「さるすべり」という名前は、さるが登ろうとしてもすべって登れないと考えて、つけた名前なんだ。さるすべりの幹は、成長するにつれて、表面のうすい皮が少しずつはがれて、中から新しい皮が出てくる。その新しい皮は、すべすべしている。手でさわってみても、つるつるとすべるんだ。だから木登りが上手なさるでも、すべるだろうと考えたんだよ。でもね、本当はさるはさるすべりの木に簡単に登ってしまうよ。実際に、実験してみた動物学者がいるんだ。人間を含めたさるの仲間は、手と足の指に指紋がある。これは、さるの仲間が進化したとき、木に登るためにできた特徴だそうだ。指紋があるから、さるはさるすべりの木に登れるんだ。

もう１つの「百日紅」という名前は、さるすべりは花が咲いている期間が長く、100日間、つまり３カ月以上ものあいだ咲いているので、つけた名前だよ。「紅」とは赤い色のことで、さるすべりは花の色が赤い品種が多いので、赤、つまり「紅」にしたんだ。でも、赤のほかに白、ピンク、うすむらさきなど、いろんな色の品種があるよ。

それから、見たことがある人は少ないだろうけれど、さるすべりの種には、上の絵のようにプロペラようなかたちの羽根がついている。かえでの種のかたちに似ているけれど、かえでの種のように２粒（２枚）１組みではなく、松の種のように、粒ごとにばらばらだ。この羽根を使って、風に乗って遠くまで飛んでいって、そこで芽を出す。こうしてさるすべりは、新しい土地で生き続けるんだ。グライダーのように飛んで行くなんて、気持ちがいいだろうなあ。

ふじ　藤

マメ科　マメ亜科　*Wisteria* 属
Wisteria floribunda 種
英名　**Wisteria**

原産地　日本
日本への伝来　大昔から日本に自生していた。
開花時期（日本）
４月～５月
花言葉
歓迎、恋に酔う、やさしさ。

この囲みの中の、うすいむらさきも、「藤色」と呼ぶことがある。

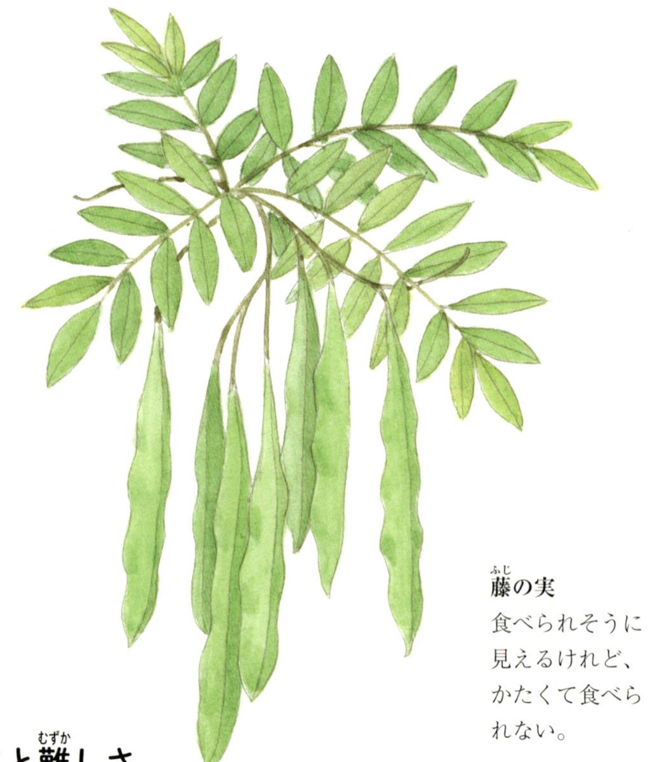

藤の実
食べられそうに見えるけれど、かたくて食べられない。

調べることのおもしろさと難しさ

藤はマメ科だから、マメ科の植物の多くがそうであるように、つるを持っている。そのつるには、じつは右巻きと左巻きがあるんだ。つるが右巻きの藤を、「ふじ」または「のだふじ」、左巻きの藤を、「やまふじ」または「のふじ」と呼ぶそうだよ。日本の植物学の父といわれる牧野富太郎博士が命名したそうだ。藤のつるに右巻きと左巻きがあるなんて、ぼくはぜんぜん知らなかった。藤の花のことを調べていて、はじめて知ったんだ。藤の花は、てんぷらにして食べるとおいしいということも、知らなかった。だってそんなものは食べたことがない。

「藤色」と呼ばれる色がある。藤の花の色のような、うすいむらさきのことだよ。この色は高貴な色として、日本では昔から愛されてきた色なんだ。平安時代（792～1192年ごろ）に、藤原一族という、栄華をきわめたお公家さんの一族がいた。その藤原の藤だから、高貴な色とされたのだそうだ。今でも藤色の着物は、高貴な着物として、あらたまった行事などのときに女性が着ることがよくあるんだ。いやね、これも藤の花のことを調べていてわかったんだ。

こうしていろいろ調べていると、知らないことがたくさんあってとてもおもしろい。でも、苦労することもある。いちばん難しいのは、情報を集めることではなく、集めた多くの情報の中で、正しい情報と正しくない情報を、見分けることだ。パンジーのところ（15ページ）でも話したけれど、どれが正しいかわからなくなって、まあいいやと思って書いたら、まちがっていたことも、何度もある。だから縄田先生にお願いして、原稿を見てもらうことにしたんだ。先生は農学が専門だから、植物のことなら、おどろくほどよく知っている。正しくない情報を見抜くぐらいは、朝飯前だ。ぼくが調べてもわからなかったことも、教えてもらえる。つまり先生は、正しい情報を発信する側なんだ。やっぱりプロフェッショナルはすごい。

藤の花

藤の花は、小さな花がたくさん集まって、長いふさになって、たれ下がっている。ときにはその長さが80センチぐらいになることもある。だから藤を育てるときは、「藤だな」といって、人間が下を通れるほどの高さのたなを作り、そこに藤のつるをはわせる。花盛りのときは、そのたなも藤のつるもかくれて見えなくなるぐらい、藤の花のふさがたくさんたれ下がるんだ。

さぼてん　仙人掌

サボテン科　***Mammillaria*** 属など多くの属がある。
Mammillaria spenosissima 種（下の絵）など多くの種がある。
英名　**Cactus** など

原産地　ほとんどが南北アメリカ大陸

日本への伝来　16 世紀後半南蛮人によって伝えられた。

開花時期（日本）
不定　種類によってちがう。

花言葉
情熱、偉大、内気、風刺、暖かい心、枯れない愛。

ピンクッション・カクタス
英語で「針山のさぼてん」という意味の、マミラリアの一種。

変わった植物たち

最後に、ちょっと変わった植物の話を、５つ続けてしよう。まず、さぼてんだ。

さぼてんは、とても種類の多い植物だ。指の先ほどの小さな種類から、高さが 15 メートルを超える種類まで、熱帯の砂漠で生きている種類から、冬は零下になる寒いところで生きている種類まで、じつに様々な種類がある。食べられるさぼてんや、薬になるさぼてんもあるんだ。「ドラゴンフルーツ」という果物はさぼてんの一種だし、「うちわさぼてん」の仲間も、世界各地で果物や野菜として親しまれているんだ。「さぼてんステーキ」も世界各地にあるよ。

サグワロ

さぼてんあれこれ

日本に渡来した外国人を、昔は南蛮人と呼んでいた。16世紀の後半に、その南蛮人が日本にさぼてんを持って来た。彼らはさぼてんを切り、その液で洋服についた汚れを落としていた。それを見ていた日本人が、「シャボン体」、つまり「石けんのようなもの」と名づけた。その「シャボンてい」が、「しゃぼてん」、「さぼてん」になったそうだ。

左の絵は、「マミラリア」という種類のさぼてんの、1品種だよ。手のひらに乗るぐらいの大きさで、植木鉢でも育てることができるし、花や白いとげが美しいので、とても人気のあるさぼてんなんだ。なんだか頭に花かんむりをかぶった、だれかの顔みたいだね。マミラリアの仲間は、400品種以上あるといわれ、花の色も、赤、白、黄色など、いろんな品種がある。

さぼてんのとげは、やわらかい体が動物に食べられないように、葉が変化したものなんだ。緑の葉がないと養分を作る光合成ができない。だから本体が葉のかわりに緑色に変化したんだ。とげが数本ごとに束になったつけ根の土台の部分は、小枝が変化した「刺座（アレオーレ）」というもので、その刺座から、葉が変化したとげが生えているんだ。左の絵を見ると、刺座と白いとげの束が一面に並んでいるのが見えるだろう？　このとげは痛いけれど、毒はない。

さぼてんの多くは、多肉植物といって、体の中がスポンジのようになっていて、水を貯めることができる。これは、砂漠などの雨が少ないところでも生きていけるように、茎が変化したものなんだ。砂漠の動物の中には、このさぼてんの水を頼りに生きている動物もいるよ。

上の絵は、アメリカのアリゾナ州の砂漠に自生している、「サグワロ」というさぼてんだ。世界でいちばん背の高いさぼてんだといわれている。15メートル以上の高さになることもあるそうだよ。ただし、それだけの高さになるのに、150年から200年ほどかかるそうだ。

はえとりぐさ　蠅取草　蠅地獄

モウセンゴケ科　***Dionaea*** 属
Dionaea muscipula 種
英名　**Venus' flytrap**

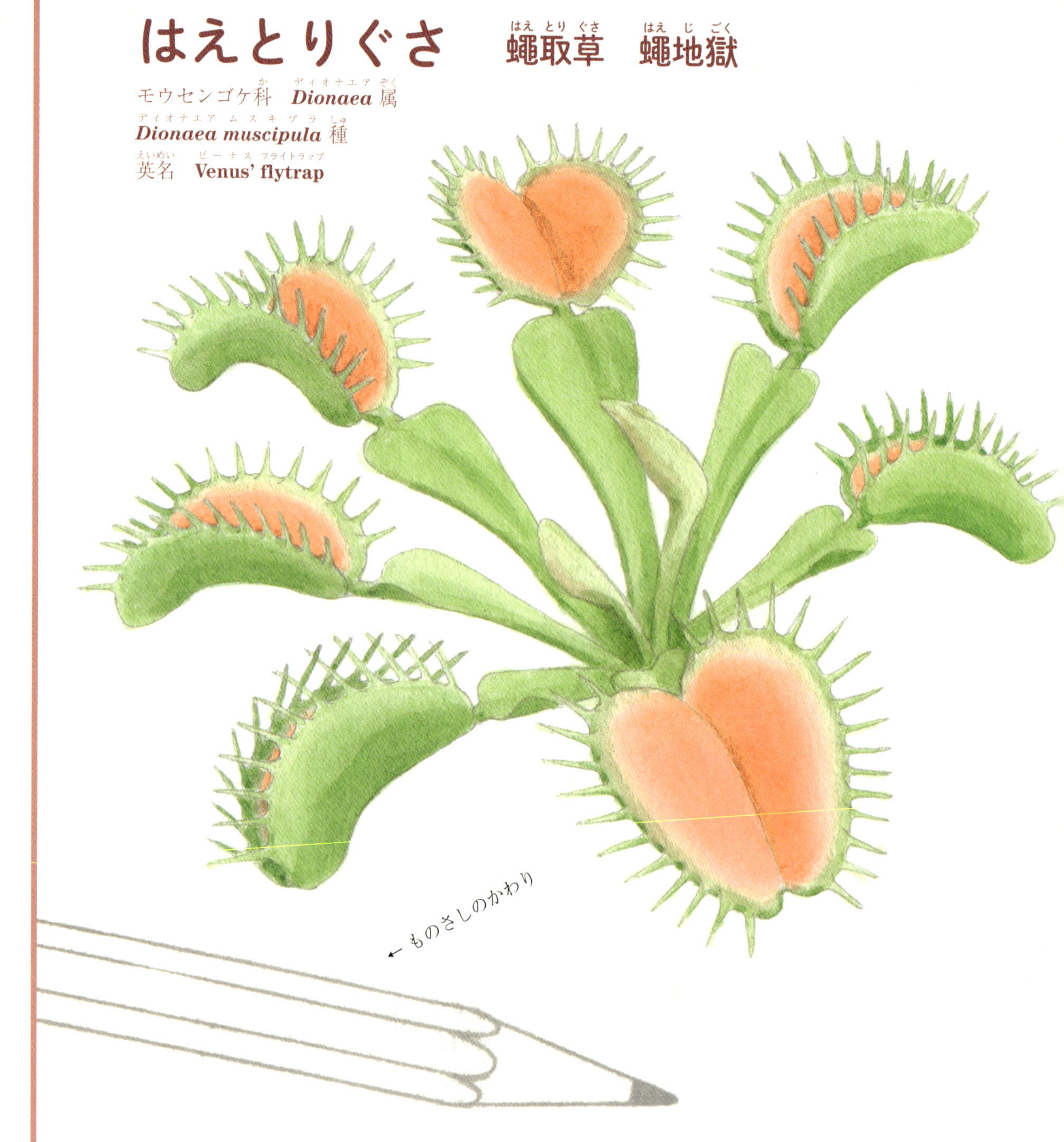

虫を食べる植物

　はえとり草のように昆虫などを食べて生きている植物のことを、「食虫植物」というんだ。世界中にはたくさんの種類の食虫植物がある。熱帯などの暑いところで生きていると思うかもしれないけれど、かなり寒い地方や、高山地帯にもあるんだ。虫をとらえる仕組みもいろいろあるよ。はえとり草のように、葉ではさんでつかまえる草や、うつぼかずら（136ページ）のように、落とし穴式になっている草や、まるでアース製薬の「ごきぶりホイホイ」のように、ねばねばしたもので虫をくっつけてつかまえる草もある。みんな知恵を働かせているんだよ。

原産地　北アメリカ
日本への伝来　不明
開花時期（日本）
５月～６月
花言葉
うそ、魔性の愛。

はえとり草の花

おやつを食べる草

この本は花のことを書いた本だけど、左の絵は、花ではない。はえとり草の葉っぱなんだ。花は上の絵で、きれいな花だけど、小さくてあまり目立たない。でも、葉っぱがとてつもなくおもしろいので、この本に入れることにしたんだ。

植物の中には、ずいぶん変わった生きかたをする植物がある。はえとり草もその１つだよ。植物は、ふつうは動物のような激しい動きはしない。風で激しくゆれることはあっても、自分の力では、人の目で見てすぐわかるほどは、動かない。ところが、はえとり草は、動くんだよ。文字通り、はえなどの小さな昆虫を、左の絵のようなかたちの葉で、パッとつかまえるんだ。この葉は、いつもは絵の正面の葉のように開いている。赤い色におびき寄せられた昆虫などが乗ると、それを感知して、0.5 秒ほどで、その左側の葉のように閉じるんだ。しかも、昆虫が 20 秒程度以内に、２回以上、または２カ所以上に触れないと、閉じないよ。ごみや雨粒などで誤作動を起こすのを防ぐためなんだ。おどろくべきハイテクノロジーなんだよ。なぜそうなるのかは、長年、世界中の植物学者を悩ませたそうだ。2010 年になって、やっと日本人の学者がそのハイテクノロジーの、化学的、生物学的なメカニズムを解明したそうだ。くわしい話は、今はちょっと難しいから、大きくなったら、調べてみるとおもしろいよ。

こうしてつかまえた虫は、10 日ほどかけて葉から出す消化液で溶かして、ゆっくりと養分を吸い取るんだ。食べ終わると、また葉を開いて、つぎの獲物を待つ。もしもこれが人間よりも大きな植物だったら、こわいねえ。うっかり座ったら、食べられちゃうよ。

でも、はえとり草は、昆虫などから吸い取る養分だけで生きているのではない。主に根から吸収する養分や、緑色のところで光合成して作った養分で生きている。だから、はえとり草にとっては、昆虫はおやつみたいなものだ。でもきみたちだって、おやつもたくさん食べるから大きくなれる。おやつがないと、困るだろう？　はえとり草も同じさ。

うつぼかずら　靫葛（うつぼかずら）

ウツボカズラ科（か）　***Nepenthes*** 属（ネペンテスぞく）

Nepenthes rafflesiana 種（ネペンテス ラフレシアナ しゅ）

英名（えいめい）　**Raffles' pitcher plant**（ピッチャー プラント）

原産地　東南アジア
日本への伝来　不明
開花時期（日本）
6月～7月
花言葉
甘いわな、からみつく視線

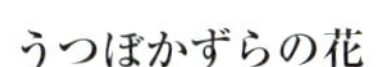
うつぼかずらの花

虫たちの落とし穴

食虫植物の話を、もう1つしよう。絵は「うつぼかずら」といって、落とし穴式の食虫植物だよ。袋のようなかたちをした捕虫器が、昔、弓矢を使っていたころ、矢を入れて持ち歩いた「うつぼ」という入れ物に似ているので、「うつぼかずら」という名前になったんだ。「かずら」とは、つる植物のことだ。英語名がおもしろいよ。「ラッフルズさんの水さし」というんだ。そういえば、ふたがついた水さしに見えるね。

うつぼかずらは常緑のつる性の植物だから、近くの木にからみついて、高いところへ登っていく。ときには15メートルぐらいの高さにまで登ることもあるそうだよ。つるの根もとに近いところにできる捕虫器と、つるの先のほうにできる捕虫器とでは、かたちが少しちがうんだ。左の絵は、つるの先のほうにできる捕虫器だ。葉脈の先端がのびて、変化したものだ。入口のえりのところが、つるつるしている上に、内側に巻き込んでいるので、虫がすべり落ちると、えりにさえぎられて外に出られなくなる。袋の底には、ねばねばした消化液がたまっていて、時間をかけて虫を溶かして、養分を吸い取る。虫たちにとっては、恐ろしい落とし穴なんだ。じゃあ、近づかなければいいのにと思うだろうけれど、ふたのようなかたちのところが、甘いみつを出すしかけになっている。だから虫たちは、どうしても引き寄せられてしまうんだよ。もっとも、中にはみつを出さないうつぼかずらもある。それでもときどき虫が落ちるんだ。

うつぼかずらは科名になっているほどだから、世界中にその仲間がたくさんあるんだ。東南アジアの広い範囲に自生しているし、北オーストラリアや、マダガスカル島にもあるそうだ。おもしろい植物なので、日本でも鉢植えで楽しんでいる人がたくさんいるよ。うつぼかずらの捕虫器は、飾って眺めるだけでもおもしろいからだ。もちろん、この捕虫器は花ではないよ。花は、上の絵のような地味な花で、眺めて楽しむような花ではない。

プヤ・ライモンディ

パイナップル科　***Puya*** 属
Puya raimondii 種
英名　**Queen of the Andes**

プヤ・ライモンディ
（アンデスの女王）
この絵では花はまだ咲いていない。

拡大したプヤ・ライモンディの花
無数の花のかたまりが肉穂の表面にらせん状に規則正しく並んでいる。この絵は、そのうちの6つの花のかたまりを拡大して見たところだ。

原 産 地　アンデスの高山帯
日本への伝来　2014年に、アメリカのカリフォルニア州の大学で咲いた記録があるが、日本では記録がない。
開花時期（アンデス）不定期
花 言 葉　不明
花言葉は人に花を贈るときにそえる言葉がはじまりなので、贈ることがない花には原則として花言葉がない。

アンデスの女王

南アメリカ大陸に、アンデス山脈という、南北に長く続く山脈がある。そのアンデス地方の熱帯や亜熱帯地域は、いろんな植物の原種の宝庫なんだ。じゃがいもやトマトもそのあたりで生まれたんだ。プヤ・ライモンディも、世界中でアンデスの亜熱帯地域の高地にしか自生していない、珍しい植物だ。国でいうと、ペルーやボリビアのあたりだ。日本でも育てている人がいるけれど、日本で花が咲いたことはない。パイナップルの仲間だけど、食べられないよ。

この植物はずいぶん変わった植物だ。70年から100年に一度だけ花を咲かせ、一生を終えてしまうんだ。左の絵の下のほうの葉のところだけで、70年から100年間過ごす。芽が出てから数年は、ふつうの草のようなかたちをしていて、30年ほどでようやく球形になるんだ。この葉のふちにはするどいとげが生えていて、動物がさわると大けがをする。70年から100年目のある夏、その球形の葉の上のほうから、突然「肉穂花序」（27ページ）が出てくる。ときには地面から10メートル以上の高さになることもあるんだよ。肉穂の表面に、上の絵のような花が数えきれないほどたくさん咲く。ときには1本の肉穂につき、3000以上の花が咲いて、昆虫や小鳥に受粉を助けてもらって、なんと、600万以上の種ができるといわれているんだ。そして種が熟すと、子孫を残す大仕事をやりとげた親株は、根もとから全部枯れてしまう。

「ライモンディ」は、19世紀のイタリア人科学者、アントニオ・ライモンディを記念して、ドイツ人の植物学者がつけた種名だ。アントニオ・ライモンディは、この花が咲いているのを欧米人としてはじめて見て、ヨーロッパに紹介した人だ。「プヤ」は、アンデス地方の言葉で「やりの穂先」という意味で、現地の人たちはこの植物をそう呼んでいたそうだ。それをこの植物の仲間の属名にしたんだよ。プヤ属には、200種以上の種がある。ライモンディにかたちだけは似ているけれど、青むらさきの花が咲く種や、ライモンディとは全くちがう姿かたちの種もある。ちなみにプヤ・ライモンディは、英語では「アンデスの女王」というんだ。

ラフレシア

ラフレシア科 ***Rafflesia*** 属
Rafflesia arnoldii 種 など
英名 **Rafflesia**

ラフレシアの花とつぼみ
落ち葉の中に見える棒のようなものが「みつばかずら」の茎。

奇妙な植物

ラフレシアの花は、世界一大きい花といわれている。ところが、あの世界一の物事を集めて紹介しているギネスブックには、ラフレシアではなく、スマトラオオコンニャクの花が世界一大きいと書いてあるんだ。ラフレシアは、大きい花でも直径が90センチほどだけど、スマトラオオコンニャクの花は、直径が1.5メートルにもなるからだ。でも、スマトラオオコンニャクの花は、「仏炎苞」という花びらのように見えるものの中に、無数の小さな花が寄り集まって咲くんだ。だから正確にいうと1つの花ではない。花の集合体なんだ。ということは、単独の花としては、やっぱりラフレシアが世界でいちばん大きい花なんだ。

ラフレシアは、おかしな植物だ。寄生植物といって、東南アジアのジャングルに生えている「みつばかずら」というブドウ科の植物にとりついて、その養分や水分を吸って生きている。だから自分の葉や茎を持っていないんだ。自分は光合成を行わず、花だけを咲かせる。まるできのこのようだけど、これでも一人前の植物だよ。ちゃんと種を作って、子や孫を残すんだ。寄生植物はほかにもたくさんあって、その生きかたがそれぞれ独特で、とてもおもしろい。

ラフレシアにもいろんな種があって、花の色や模様が少しずつちがう。いちばん有名なのはラフレシア・アーノルディイという種だよ。この名前は、ヨーロッパ人としてははじめてこの花を見つけた、イギリス人のトーマス・ラッフルズと、ラッフルズの調査隊に同行して、この花をくわしく観察してスケッチや標本を作った、ジョセフ・アーノルドという博物学者の名前からとったんだ。でも、この花は今もジャングルにしかない。植物園などで育てるのは不可能だよ。この植物についてはまだ不明なことが多く、だから学者にとっては魅力があるんだ。

ラフレシア

原産地　東南アジア

日本への伝来　栽培は不可能。京都植物園などに標本がある。

開花時期（東南アジア）

不定期

花言葉

「ゆめうつつ」だという説もあるが、一般には花言葉はないといってよい。ラフレシアを、だれかに贈ることはできない。

スマトラオオコンニャクの花

育てる者、育てられる者

ラフレシアは、においもすごいんだ。腐った肉のにおいだとか、くみ取り便所のにおいだという人もいるよ。熱帯や亜熱帯のジャングルには、みつばちがいない。だからラフレシアは、くさいにおいが好きなはえに花粉を運んでもらうんだ。だから肉のように見える色と、くさいにおいを出すように進化したんだ。そのせいで、ラフレシアはグロテスクでくさいし、ほかの植物の栄養を横取りして生きているずるい植物だから、きらいだという人がたくさんいるよ。

でもね、ぼくはこの植物を、すばらしいと思うんだ。なぜなら、他人に育てられながらも、懸命に生きて、世界一大きな花を咲かせるという大仕事をやってのけるからだ。

それよりも、もっとすばらしいのは、ラフレシアをすんなり受け入れて大事に育てている、みつばかずらだ。ラフレシアは、宿主のみつばかずらに何の利益ももたらさない。養分や水をうばい取るだけだ。それなのに、だまって育てるなんて、簡単にできることではない。世界一大きな花を咲かせるのは、じつはラフレシアではなく、みつばかずらだともいえるんだ。

人間にもこういう人がいるよ。自分は表に出ず、立派な人たちを育て続けている人たちだ。きみたちのお父さんやお母さん、学校の先生なども見かたによってはそうだといえるんだ。

さて、これで縄田先生とぼくの話はおしまいだ。どうだい、どこかで「なるほどね、それは知らなかった」と思ってもらえたかな？　きみも本物の花をよく観察して、どんな生きかたをしているのか、どうやって子孫を残すのか、自分で調べてみるとおもしろいよ。学校で育てている朝顔でも、おうちのベランダのチューリップでも、道ばたに生えているぺんぺん草でも、何でもいいんだ。自分で調べると、思いがけない発見があるにちがいないんだ。

本書を手にとっていただいた保護者の皆さまへ

日本人は、世界でも有数の花好きだといわれます。私たちの日常には、四季折々の花々や、それにまつわる豊かな文化が息づいています。古来から、花々を題材にした詩歌や絵画などの優れた作品の数々を生み出してきました。生け花という、世界に誇れる伝統文化もあります。主要な報道機関が開花予想や紅葉予想を報じるのは、おそらく日本だけでしょう。幸いにして、それらを支える豊かな気候や風土にも恵まれております。つまり、花は、私たち日本人の心の豊かさの象徴だといっても過言ではありません。

このような日本の優れた伝統を、次世代を担う子どもたちに引き継ぐのは、保護者の皆さまをはじめ、私たち大人の仕事であり、子どもたちに託す夢だと思います。そこで、「絵で見るシリーズ」の三冊目に、花を取り上げることにしたのです。子どもたちには、この本から単にその場かぎりの豆知識を得るだけでなく、この本をきっかけにして、花々により関心を持ち、花々に深い愛着を持つことを、そして、そのことが子どもたちの心の豊かさにつながることを願っております。また、この本が、好奇心が旺盛な子どもたちにとって、物ごとを知ることのおもしろさ、調べることの楽しさを自らはぐくむ糧となることを、願っております。

しかし、植物学が専門ではなく、華道にも関わりのない私が、そのような絵本を作るのは、かなり無謀な試みと思われました。案の定、作りはじめると、難しい専門知識を子どもにわかりやすく説明するには、どのような絵を描き、どのような文章にすればよいかなど、様々な難題に直面いたしました。多くの方々のご指導とご協力がなければ、この本はできていません。

監修をしていただいた京都大学の縄田栄治先生をはじめ、この本の絵の多くを直接指導してくださり、今もなお植物画を教えてくださっている高木唯可先生、懇切に指導していただいたメディカ出版編集局の皆さまに、この場を借りて厚く御礼を申し上げます。

2016年12月　　柳原明彦

参考文献

1）北村四郎ほか．原色日本植物図鑑：木本編 1．保育社，1971，538p.
2）北村四郎ほか．原色日本植物図鑑：木本編 2．保育社，1979，630p.
3）北村四郎ほか．原色日本植物図鑑：草本編 1．保育社，1957，378p.
4）北村四郎ほか．原色日本植物図鑑：草本編 2．保育社，1961，470p.
5）北村四郎ほか．原色日本植物図鑑：草本編 3．保育社，1964，580p.
6）二宮孝嗣．美しい花言葉・花図鑑　彩りと物語を楽しむ．ナツメ社，2015，256p.
7）中居惠子．誕生日の花図鑑．清水晶子監修．ポプラ社，2011，392p.
8）稲垣栄洋．雑草手帳：散歩が楽しくなる．東京書籍，2014，248p.
9）稲垣栄洋．身近な花の知られざる生態．PHP 研究所，2015，229p.
10）稲垣栄洋．面白くて眠れなくなる植物学．PHP 研究所，2016，205p.
11）文化庁編．親子で歌いつごう 日本の歌百選：～親から子、子から孫へ～．東京書籍，2007，112，158，171.

注：30ページの「姫ひまわりの絵を探してみよう」の答え。
表紙カバーの花群の左上にある。ふつうのひまわりとちがい、直径が10センチほどしかない。

著者プロフィール

柳原明彦（やなぎはら・あきひこ）

植物イラストレーター

1937 年生まれ
1962 年　京都工芸繊維大学工芸学部意匠工芸学科卒業
1963 年　米国コネティカット州ブリッジポート大学工学部工業デザイン学科卒業
1963 年　同学科 専任講師（工業デザイン）
1968 年　京都工芸繊維大学工芸学部意匠工芸学科 専任講師（工業デザイン）
1976 年　文部省在外研究員として ドイツ・ハンブルク工芸大学で研究
2001 年　京都工芸繊維大学工芸学部造形工学科 教授（プロダクトデザイン、クラフトデザイン）、
　　　　同大学院工芸科学研究科 教授を定年退官　　現在　同大学名誉教授
2002 年　英国 ブライトン大学美術学部 客員教授
2003 年　スリランカ モラトワ大学建築学部デザインコース 客員教授
　　　　（国際協力事業団〈JICA、現 国際協力事業機構〉派遣ボランティアとして）

監修者プロフィール

縄田栄治（なわた・えいじ）

京都大学大学院農学研究科教授

1955 年生まれ
1977 年　京都大学農学部農学科卒業
1979 年　同 大学院農学専攻修士課程修了
1981 年　同 大学院博士課程中途退学
1981 年　京都大学農学部 助手（熱帯農学）
1983 年　国際協力事業団（JICA、現 国際協力事業機構）派遣専門家として、
　　　　タイ カセサート大学滞在（～1984 年）
1992 年　京都大学農学部 助教授（熱帯農学）
1997 年　京都大学大学院農学研究科 助教授（熱帯農業生態学）
2007 年　同 教授（熱帯農業生態学）

絵で見るシリーズ
調べてなるほど！　花のかたち

2017年3月25日発行　第1版第1刷

監　修　縄田 栄治
著　者　柳原 明彦
発行者　長谷川 素美
発行所　株式会社 保育社
〒532-0003
大阪市淀川区宮原3－4－30
ニッセイ新大阪ビル16F
TEL 06-6398-5151　FAX 06-6398-5157
http://www.hoikusha.co.jp/
企画制作　株式会社メディカ出版
TEL 06-6398-5048（編集）
http://www.medica.co.jp/
編集担当　二畠令子／利根川智恵
装　　幀　株式会社明昌堂
印刷·製本　株式会社シナノ パブリッシング プレス

ISBN978-4-586-08563-7　　Printed and bound in Japan